汉译世界学术名著丛书

逻辑哲学论

〔奥〕维特根斯坦 著

贺绍甲 译

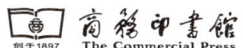

Ludwig Wittgenstein
TRACTATUS LOGICO-PHILOSOPHICUS
translated by
D. F. Pears & B. F. McGuinness
With the introduction by
Bertrand Russell, F. R. S.

根据伦敦 Routledge & Kegan Paul Ltd. 1974 年修订本版译出

汉译世界学术名著丛书
出 版 说 明

我馆历来重视移译世界各国学术名著。从五十年代起，更致力于翻译出版马克思主义诞生以前的古典学术著作，同时适当介绍当代具有定评的各派代表作品。幸赖著译界鼎力襄助，三十年来印行不下三百余种。我们确信只有用人类创造的全部知识财富来丰富自己的头脑，才能够建成现代化的社会主义社会。这些书籍所蕴藏的思想财富和学术价值，为学人所熟知，毋需赘述。这些译本过去以单行本印行，难见系统，汇编为丛书，才能相得益彰，蔚为大观，既便于研读查考，又利于文化积累。为此，我们从1981年着手分辑刊行。限于目前印制能力，每年刊行五十种。今后在积累单本著作的基础上将陆续汇印。由于采用原纸型，译文未能重新校订，体例也不完全统一，凡是原来译本可用的序跋，都一仍其旧，个别序跋予以订正或删除。读书界完全懂得要用正确的分析态度去研读这些著作，汲取其对我有用的精华，剔除其不合时宜的糟粕，这一点也无需我们多说。希望海内外读书界、著译界给我们批评、建议，帮助我们把这套丛书出好。

商务印书馆编辑部
1983年5月

目　　录

英译者前言……………………皮尔斯和麦克吉尼斯　1
导言……………………………………………罗素　3
前言……………………………………………………23
正文……………………………………………………25
索引……………………………………………………109
译后记…………………………………………………133

英译者前言

本书是1921年最早发表在德文期刊 *Annalen der Naturphilosophie*(《自然哲学年鉴》)上面的路德维希·维特根斯坦的 *Logisch-Philosophische Abhandlung*(《逻辑哲学论》)的一个英译本。较早一些的一个英译本是由 C.K. 奥格登在 F.P. 雷姆塞的协助下完成的,它以并列刊印出德文原文的形式发表于1922年。现在这个译本于1961年出版,也附有德文原文。这次进行的修改参照了维特根斯坦本人在他同 C.K. 奥格登的通信中关于第一个英译本的意见和评论。该信件现已由冯·赖特教授发表出来(Blackwell, Oxford, 及 Routledge & Kegan Paul, London 和 Boston, 1972年)。

在罗素的允许下,书中重印了他为1922年版本所写的导言。导言中包含的罗素本人或最初英译者的有关译文,都未作改动。

皮尔斯和麦克吉尼斯
1974年

导　言

　　维特根斯坦先生的《逻辑哲学论》，不管它是否证明就其考察的问题提供了最后的真理，由于它的广度、视界和深度，确实应该认为是哲学界的一个重要事件。它从符号系统的原则和任何语言中词和事物之间必须具有的关系出发，将这种考察的结果应用于传统哲学的各个部分，并在每一种情形下都表明，传统的哲学和传统的解决是怎样由于对符号系统原则的无知和对语言的误用而产生出来的。

　　首先涉及的是命题的逻辑结构和逻辑推论的性质，然后我们依次经由知识论、物理学原则和伦理学，最后达到神秘之物（das Mystische）。

　　要理解维特根斯坦先生的这本书，必须清楚他谈的是什么问题。在涉及符号系统的这一部分理论中，他谈的是一种逻辑上完善的语言所必须满足的条件。关于语言有各种各样的问题。第一，当我们使用语言打算以它来意指某种东西时，我们心中实际出现的是什么的问题；这个问题属于心理学。第二，在思想、词或句子和它们指称或指谓的东西之间存在着什么关系的问题；这个问题属于认识论。第三，使用一些语句来表达真的而不是假的东西的问题；这属于阐述这些语句的论题的专门科学。第四，还有一个问题：一个事实（比如一个语句）要能够成为另一个事实的符号，它与后者必须具有什么关系？最后的这个问题是一个逻辑问题，维特根斯坦先生所谈论的就是这个问题。他谈到了精确的符号系统的条件，即在符号系统中，一个语句要"意指"某种完全确定的东西的条件。实际上，语言总或多或少是模糊的，因此，我们所断言的东西从不是十分精确的。这样，关于符号系统逻辑上就有两个问题需要研究：(1) 符号的结合成为有意义而不是无意义的条件；(2) 在符号或者符号的结合中指称或意味的唯一性的条件。一种逻辑上完善的语言具有防止无意义的句法规则，而且具有其意指总是唯一确定的单一符号。维特根斯坦先生谈的是一种逻辑上完善的语言的条件——并非任何语言都是逻辑上完善的，或者我们相信此时此地我们就能建造一个逻辑上完善的语言，但是语言的全部职能就是有所意指，而且只能在它接近我们所假设的理想语言的程度上来履行这一职能。

语言的基本职能是断言或者否认事实。给定一种语言的句法，只要知道各组分语词的意指，一个语句的意指即随之确定。为使某个语句能断言某个事实，不论语言如何构成，在语句的结构和事实的结构之间必须有某种共同的东西。这也许是维特根斯坦先生的理论中最根本的主题。而且他争辩说，那种必定是语句和事实之间的共同的东西本身反过来是不能在语言中被说出来的。按照他的用语，它只能被显示，而不能说出，因为无论我们说什么，仍然需要有这同样的结构。

理想语言的第一个要求是每个简单物都有一个名称，而且两个不同的简单物绝不能有同一个名称。一个名称是一个简单的符号,是就其没有本身就是符号的部分这个意义上而言的。在一种逻辑上完善的语言中,非简单物不会有简单的符号。代表整体的符号是一个包含代表各个部分的所有符号的"复合物"(complex)。说到"复合物",如下面将表明的,我们就违反了哲学语法的规则,但这在开始时是不可避免的。"关于哲学问题所写的大多数命题和问题,不是假的而是无意义的。因此,我们根本不能回答这类问题,而只能确定它们的无意义性。哲学家们的大多数问题和命题,都是因为我们不懂得我们语言的逻辑而产生的。它们都是像善是否比美更为同一或者更不同一之类的问题"(4.003)。世界上的复合物是一个事实,那些不是由其他事实组成的事实,就是维特根斯坦先生所称为的 Sachverhalte(事态),而一个也许由两个或更多的事实组成的事实,则称为 Tatsache(事实);因此,例如"苏格拉底是聪明的"是一个 Sachverhalt,也是一个 Tatsache,然而"苏格拉底是聪明的且柏拉图是他的学生"则是一个 Tatsache 而不是一个 Sachverhalt。

他把语言的表达式比作几何学中的投影。一个几何图形可以用许多方式来投影:其中每一种方式相当于一种不同的语言。但是不管采用哪种方式,原有图形的投影性质仍保持不变。如果命题是断言事实,那么在他的理论中,这些投影性质就相当于对命题和事实必须为共同的东西。

在某些基本的方面,这当然是明显的。例如,不使用两个名称就不可能作出一个关于两个人的陈述(此刻我们假定人可以作为简单物来对待),而且如果你要断言这两个人之间的一种关系,那么你于其中作出断言的句子,就必须在这两个名称之间建立一种关系。假如我们说"柏拉图爱苏格拉底",在"柏拉图"这个词和"苏格拉底"这个词之间出现的"爱"这个词,就在这两个词之间建立了一定的关系,而且由于这个事实,我们的句子才能够断言用"柏拉图"和"苏格拉底"这两个词来命名的两个人之间的一种关系。"我们必不可说,复合记号'aRb'说的是'a 和 b 处在关系 R 中',而必须说,'a'和'b'处于某种关系中这一事实,说的是aRb 这一事实"(3.1432)。

维特根斯坦先生用这一陈述(2.1)来开始他的符号系统的理论:"我们给我们自己建造事实的图像"。他说,图像是实在的模型,图像的要素对应于实在中的对象:图像本身是一个事实。事物彼此具有一定关系这个事实,被图像中它的要素彼此具有一定关系这个事实所描绘。"在图像和被图示者中必须有某种同一的东西,因此前者才能是后者的图像。图像为了能以自己的方式——正确地或错误地——图示实在而必须和实在共有的东西,就是它的图示形式"(2.161,2.17)。

当我们想要意指的只是在任何意义下作为一种图像本质上应该具有的相似性,也就是说,想要意指的仅限于逻辑形式的同一性时,我们就谈到了实在的逻辑图像。他说,事实的逻辑图像是Gedanke(思想)。图像可以与事实符合或者不符合,与此相应地可以为真或者为假,但是在两种情形下它都与事实共享逻辑形式。他所说的图像的意思,可由他的如下的陈述来说明:"留声机唱片,音乐思想,乐谱,声波,彼此之间都处在一种图示的内在关系之中,这就是语言和世界之间具有的关系。它们的逻辑结构都是共同的。(就像童话里的两个少年,他们的两匹马和他们的百合花,在某种意义上,他们都是同一的)"(4.014)。命题描绘事实的可能性是以对象在命题中为记号所描绘这一事实为基础的。所谓逻辑"常项"则不为记号所描绘,而是和在事实中一样,自己在命题中表现出来。命题和事实必须呈现出同样的逻辑的"多样性",而这一点本身是不能被描绘的,因为它必须是事实和图像之间共同的东西。维特根斯坦先生强调,任何真正是哲学上的东西,都属于只能显示的东西,属于事实与它的逻辑图像之间共同的东西。由此得出,在哲学中不能说出任何正确的东西。每一个哲学命题都是坏的文法,通过哲学讨论我们所能希望达到的最好结果,不过是使人们看出,哲学讨论乃是一种错误。"哲学不是自然科学之一。('哲学'一词所指的东西,应该位于各门自然科学之上或者之下,而不是同它们并列。)哲学的目的是从逻辑上澄清思想。哲学不是一门学说,而是一项活动。哲学著作从本质上来看是由一些解释构成的。哲学的成果不是一些'哲学命题',而是命题的澄清。可以说,没有哲学,思想就会模糊不清;哲学应该使思想清晰并为思想划定明确的界限"(4.111和4.112)。按照这个原则,为了引导读者理解维特根斯坦先生的理论所必须说的东西,全都是这个理论本身斥之为无意义的东西。我们将带着这项限制条件来尽力表达出那幅看来是他的体系基础的世界图画。

世界由事实组成:严格地说,事实是不能定义的,但是我们可以说,事实是那使得命题为真或为假的东西,以此来表明我们所说的意思。事实可以包含本身也是事实的组成部分,或者不包含这样的部分;例如:"苏格拉底是一个聪明的雅典人",由两个事实组成,即"苏格拉底是聪明的"和"苏格拉底是雅典人"。一个不以一些事实为组成部分的事实,维特根斯坦先生称为一个事态。这就是他所称为的原子事实。原子事实虽然不包含一些事实作为组成部分,但它还是包含一些组成部分。假如我们可以认为"苏格拉底是聪明的"是一个原子事实,我们就看出它包含"苏格拉底"和"聪明的"两个成分。如果一个原子事实被尽可能地(指理论的而不是实际的可能性)完全地分解,最终达到的成分就可称为"简单物"或者"对象"。维特根斯坦并非坚持我们能够事实上分离出这种简单物或者得到关于它的经验知识。这就像电子一样,是一种理论上所要求的逻辑的必须。他坚持必须有简单物的理由,是每个复合物都以一个事实为前提,无须假定事实的复合性是有限的;即使每一个事实由无数的原子事实组成,而且每一个原子事实由无数的对象组成,也仍然有对象和原子事实(4.2211)。断言一定的复合物存在,归结为断言它的一些成分以一定的方式发生关系,也就是断言一个事实:因此,如果我们给予复合物一个名称,这个名称仅仅由于一定命题,即断言该复合物各成分之间关系的命题的真理性才具有意义。这样,复合物的命名要以命题为前提,而命题又以简单物的命名为前提。由此,简单物的命名在逻辑学中就表现为逻辑上的起点。

假如所有的原子事实都已知道,同时还知道一件事,即这些就是原子事实的全部,世界就能被完全地描述出来。仅仅为世界中的所有对象命名还不能描述世界;还必须知道以这些对象为成分的原子事实。给出这种原子事实的总体,每一个真的命题,不管多么复杂,理论上都可以推论出来。断言一个原子事实的命题(为真或为假)称为一个原子命题。所有原子命题逻辑上都是彼此独立的。没有一个原子命题蕴含任何别的原子命题,或者同任何别的原子命题发生矛盾。因此逻辑推论的全部工作仅涉及非原子命题。这种命题可以称为分子命题。

维特根斯坦的分子命题理论依赖于他的真值函项结构的理论。

命题 p 的真值函项是一个包含 p 的命题,而且其真或假仅仅依赖于 p 的真或假,同样地,p、q、r……多个命题的真值函项,是一个包含 p、q、r……的命题,它的真或假仅仅依赖于 p、q、r……的真或假。乍一看来,除了真值函项以外,好像还存在别的命题函项;例如"A 相信 p"就是这种情形,因为一般说来,A 会相信一些真命题和一些假命题;除非他是一个具有特殊天赋的人,我们不能从他相信 p 这点推出 p 为真,或者从他不相信 p 这点推出 p 为假。还有一些其他的明显的例外,如"p 是一个十分复杂的命题"或"p 是一个关于苏格拉底的命题"。可是,由于下面就会谈到的一些理由,维特根斯坦先生坚持认为,这些例外只是表面上的,每个命题函项实际上都是真值函项。由此得出,如果我们能够一般地定义真值函项,我们就能借助原子命题的初始集合而得到一个一切命题的一般定义。维特根斯坦着手做的就是这件事情。

舍菲尔博士曾经指出(《美国数学学会会刊》,XIV 卷,第 481—488 页):一组已知命题的所有真值函项,可以由"非 p 或非 q"或者"非 p 和非 q"这两种函项中的一种来构成。维特根斯坦应用了后一种函项,看来他对舍菲尔的工作是了解的。别的真值函项由"非 p 和非 q"来构成的方法很好理解。"非 p 和非 p"等值于"非 p",因此借助于我们的初始函项,我们得到了关于否定的定义:由此我们可以定义"p 或 q",因为这就是我们的初始函项"非 p 和非 q"的否定。关于从"非 p"和"p 或 q"扩展出其他的真值函项,在《数学原理》①的开始部分给出了详细的说明。当作为我们的真值函项的主目的命题已由列举而给定时,这就提供了我们所需要的一切。可是维特根斯坦通过非常有趣的分析,成功地将这一过程推广到一般性命题,即推广到作为我们的真值函项主目的命题不是由列举来给出,而是由所有那些满足某种条件的命题来给出的情况。例如,设 fx 是一个命题函项(即该函项的值都是命题),如"x 是人"——那么 fx 的不同的值构成一个命题集合。我们可以推广"非 p 和非 q"的观念,以应用于同时否定所有作为 fx 的值的那些命题。这样我们就得到了一个在数理逻辑中通常是用"fx 对于 x 的所有值为假"这句话来表述的命题。这个命题的否定就是命题"至少有一个 x 使得 fx 为真",它用"(∃x)·fx"来表示。如果我们从非 fx 而不是从 fx 出发,我们就会得到命题"fx 对于 x 的所有值为真",它用"(x)·fx"来表示。维特根斯坦处理一般性命题〔即"(x)·fx"和"(∃x)·fx"〕的方法不同于前述方法之处,在于概括仅在确指有关的命题集合时出现,这样做了以后,真值函项的建立,完全就像列举的主目 p、q、r……为有限个数的情形那样进行。

维特根斯坦关于他的符号系统的解释,在这一点上原文中没有充分地展开。他所用的符号是

---

① 《数学原理》(*Principia Mathematica*),罗素与怀特海合著,1910 年至 1913 年出版。——译者

$$[\bar{p}, \bar{\xi}, N(\bar{\xi})]。$$

下面是对这个符号的解释：

$\bar{p}$ 表示所有的原子命题。

$\bar{\xi}$ 表示任何一个命题集合。

$N(\bar{\xi})$ 表示对构成 $\bar{\xi}$ 的所有命题的否定。

整个符号 $[\bar{p}, \bar{\xi}, N(\bar{\xi})]$ 表示用如下方法所得到的任何东西：选取任何一组原子命题，全部否定它们，然后选取任何一个现在所得命题的集合，加上原有的任何命题，如此等等以至无穷。他说，这就是一般的真值函项，也是命题的一般形式。它所意味的东西，并不像看起来那样复杂。这个符号是想描述一种方法，给出原子命题，所有其他命题都可以借助这种方法构造出来。这方法依赖于：

(1) 舍菲尔所证明的，所有真值函项都能从同时否定得到，即从"非 p 和非 q"得到；

(2) 维特根斯坦先生从命题的合取和析取推导出一般性命题的理论；

(3) 断言一个命题只有作为真值函项的主目才能在另一个命题中出现。

给定这三个基础，就可从中得出：所有非原子命题都能够用一个统一的方法从这些原子命题推导出来，这就是维特根斯坦先生的符号所指示的方法。

从这种统一的构成方法，我们达到了推理理论的惊人的简化，同时也得到了属于逻辑的那类命题。刚才所描述的这个生成方法，使得维特根斯坦可以说，所有命题都能以上述方式由原子命题构成，而且这样一来，命题的总体也就确定了。（前面提到的那些明显的例外,是用我们下面将要考察的方式来处理的。)现在维特根斯坦可以断言:命题就是从原子命题的总体(加上这就是它们的总体这个事实)所得到的全部东西;一个命题总归是若干原子命题的一个真值函项;而且如果 p 是从 q 得来,则 p 的意义包含在 q 的意义之中,由此就当然得出结论,从一个原子命题不可能演绎出任何东西来。他坚持认为,所有逻辑命题都像"p 或者非 p"那样,是重言式。

从一个原子命题不可能演绎出任何东西,这一事实,例如在因果性上,得到了有趣的应用。在维特根斯坦的逻辑中,是不能有任何像因果联系这种东西的。他说,"未来的事件不能从现在的这些事件推出来。相信因果联系是迷信。"太阳明天会出来是一个假设。我们事实上不知道它是否会出来,因为没有一种强制性使得因为另一事物发生了这一事物就必须发生。

让我们现在来谈另一个问题——关于名称的问题。在维特根斯坦的理论逻辑语言中,只有简单物才赋予名称。我们不给一个事物以两个名称,或者给两个事物以一个名称。依照维特根斯坦,我们没有任何方法可以用来描述可被命名的事物的总体,换句话说,即世界上存在的事物的总体。要能这样做,我们必须知道由于逻辑必然性而必定属于每一事物的某种属性。人们曾经试图从自身同一性那里找到这种属性,但是同一性概念却遭到了维特根斯坦的看来是无可避免的毁灭性的批判。用无差别的同一给同一性下的定义被拒绝了,因为无差别的同一似乎不是一条逻辑上必然的原则。根据这条原则,如果 x 的每个属性也是 y 的一个属性,x 和 y 就是同一的,但是两个事物恰好具有同样的属性在逻辑上毕竟是可能的。如果这种情况事实上并未发生，那只是世界的一个偶然的特征，而不是逻辑上必然的特征，而世界的偶然特征当然不容许进入逻辑结构之中。由此维特根斯坦先生就排除同一性而采取了不同字符意指不同事物的约定。实际上，在一个名称和一个摹状词之间，或者在两个摹状词之间，是需要有同一性的。像"苏格拉底是那位饮了毒芹汁的哲学家"或"1后面的下一个数是偶素数"这样的命题，就需要有同一性。关于同一性的这种用法，就维特根斯坦先生的系统是不难加以规定的。

排斥了同一性就失去了一个谈论事物总体的方法，而且会发现任何其他可以设想出来的方法，也同样是错误的：至少维特根斯坦这样主张，而我认为他是对的。这就导致说"对象"是一个虚假概念。说"x是一个对象"等于什么也没有说。由此得出，我们不能作出像"世界上有三个以上的对象"，或"世界上有无数的对象"这样的陈述。只有同某种确定的属性相联系才能谈到对象。我们可以说"有三个以上是人的对象"，或者"有三个以上是红色的对象"，因为在这些陈述中，"对象"一词可以用逻辑语言中的变项来代替：在第一个陈述的情形下，变项是满足函项"x是人"的项；在第二个陈述的情形下，则是满足函项"x是红色的"的项。而当我们试图说"有三个以上的对象"时，关于"对象"一词的这种变项代换就成为不可能了，因此这个命题被看作为是没有意义的。

这里我们接触到了维特根斯坦的基本论点的一个实例，即不能说关于世界作为一个整体的任何事情，能够说的必须是关于世界的有限部分。这一观点也许本来是由记号法提示出来的，如果是这样，那就于它大为有利，因为一种好的记号法具有精巧性和启发性,有时几乎就像一位机敏的教师。记号法的不规范往往是哲学错误的先兆,而完善的记号法则会成为思想的替代物。不过,虽然也许是记号法首先向维特根斯坦先生提示了,逻辑只局限于世界内部的事物以对立于作为整体的世界,但是这个观点一旦提出来,人们就发现它还有许多其他值得介绍的地方。它是否为最后真理,就我这方面而言,我不敢说已经知道。在这篇导言里,我所做的只是说明这个观点,而不是对它加以评论。根据这个观点,只有假如我们可以处在世界之外,也就是说,假如世界对于我们已不再是整个的世界时,我们才能谈论关于世界作为一个整体的事情。我们的世界对于某个能从上面来俯视它的超越的存在者来说,也许是有界限的,但是对于我们来说,不管它怎样有限,它却不可能有边界,因为没有什么东西在它之外。维特根斯坦用视场来作类比。我们的视场对我们来说是没有视觉界限的,正是因为没有什么东西在视场之外;同样地,我们的逻辑世界也没有逻辑的界限,因为我们的逻辑不知道有什么东西在它之外。这些思考将他引到关于唯我论的多少有些奇特的议论。他说,逻辑充满着世界。世界的界限也就是逻辑的界限。因此,在逻辑中我们不能说,世界里有这个和这个而没有那个,因为这样说显然是以我们排除掉一定的可能性为前提,而这种情形是不可能的,因为这就要求逻辑必须越出世界的界限,好像它也能够从界限的另一方来考察这些界限。我们不能想的东西我们就不能想,因而我们也不能说我们所不能想的东西。

他说,这就提供了理解唯我论的钥匙。唯我论所意指的东西是完全正确的,但是这不能说,它只能显示出来。世界是我的世界,表现在语言(我所懂得的唯一语言)的界限指示着我的世界的界限这一事实之中。形而上主体不属于世界,而是世界的一个界限。

下面我们应当讨论一下如"A 相信 p"这样的分子命题的问题,初看起来这类命题并非它们所含命题的真值函项。

维特根斯坦在陈述他的主张,即所有分子命题都是真值函项时,提出了这个论题。他说(5.54),"在一般的命题形式中,命题只是作为真值运算基础而出现于别的命题之中。"他接着解释说,初看起来好像一个命题也可能以别种的方式出现,如"A 相信 p"。这里表面看来,好像命题 p 处在对对象 A 的某种关系之中。"但是很清楚,'A 相信 p','A 思考 p','A 说 p'都是'"p"说 p'的形式;这里涉及的不是一个事实和一个对象的相关,而是借助于其对象相关的诸事实的相关"(5.542)。

维特根斯坦先生这里所谈到的东西,他说得这样简短,那些不了解他所涉及的争论的人,可能不大清楚其中的论点。他所不同意的理论可以从我在《哲学文集》和《亚里士多德学会会报》(1906—1907 年)上写的论真和假的性质的文章中找到。引起争论的是关于相信的逻辑形式,即表示一个人在相信时发生了什么事情的思想图式的问题。当然,这个问题不仅适用于相信,它同样也适用于可以称为命题态度的许多其他精神现象,如怀疑、考虑、期待等等。在所有这些场合,好像很自然地就用"A 怀疑 p"、"A 期望 p"等等的形式来表述这种精神现象。这种形式使人觉得我们像是在处理一个人和一个命题之间的关系。这当然不可能是最后的分析,因为除非在它们本身就是独立的事实这个意义上这些人是虚设的,这些命题也是如此。作为本身是一个独立的事实来考虑的命题,可以是一个人对自己说出来的一套语词,一个复杂的意象,一列闪过他心头的意象或者一套开始发生的身体的动作。它可能是无数种不同事情之一。这个本身是独立事实的命题,比如一个人对自己说出来的实在的一套词语,是与逻辑无关的。与逻辑有关的是所有那些事实之间共有的因素,如我们所说的,这种共有的因素使他能够意指该命题所断言的事实。当然,很多东西与心理有关,因为一个符号不能单单由于逻辑关系,而且还要由于意向、联想或诸如此类的心理联系,才能意指它所标记的东西。不过意义的心理部分是与逻辑学家无关的,在信念这个问题上与逻辑学家有关的是逻辑的图式。很清楚,当一个人相信一个命题时,为了说明发生了什么事情,并不非要假定这个作为形而上主体的人。必须说明的是一套词语,即本身作为独立事实考虑的命题,同使命题成真或成假的"客观"事实之间的关系。这就最后归结为命题意义的问题,也就是说,命题的意义仅仅属于信念分析问题中的非心理部分。这个问题不过是两个事实之间的关系,即相信者所使用的一串词语与使这些词语成真或成假的事实之间的关系问题。一串词语是一件事实,正如使它成真或成假的是一件事实一样。这两个事实之间的关系并非不可分析的,因为命题的意义来自它的组成部分的词语的意义。作为一个命题的一串词语的意义是各分离的词语的意义的函项。因此,在说明一个命题的意义时,命题作为一个整体并未真正成为必须说明的东西。如果说在我们所考虑的情形下,命题是作为事实出现,而不是作为命题出现,这也许有助于提示我所试图指明的观点。不过这一陈述必须不要过分从字面上来理解。真正的要点在于，在相信、期望等等中，逻辑上基本的东西是看作为事实的命题与使之成真或成假的事实之间的关系，以及两个事实的这种关系可以化归为它们的组成部分的关系。因此该命题确实不是以它出现于真值函项中的同样意义而出现的。①

在我看来，维特根斯坦先生的理论有些方面还需要有较大的技术上的发展。特别是他的数论（6.02及以下），像现在这样就只能处理有限整数。任何逻辑除非表明它能够处理超穷数，就不能认为是充分的。我觉得在维特根斯坦先生的体系中没有任何东西使他不能弥补这个缺陷。

比这些较为细节的问题更为有趣的是维特根斯坦先生对待神秘之物的态度，这态度是从他的纯逻辑的学说中自然地产生出来的。根据这一学说，合逻辑的命题是事实的图像（真的或假的），而且与事实共有某种结构。正是这一共同的结构使它能够成为事实的图像，但是这结构本身不能用语词来表述，因为它既是一些语词的结构，也是这些语词所指谓的事实的结构。因此，包含在语言表达性这个观念中的所有东西，必定不能在语言中表达出来，因此，在完全确切的意义上说，它们是不可表达的。依照维特根斯坦先生，这种不可表达的东西包括整个的逻辑和哲学。他说，教哲学的正

---

① 这句结论性的话同罗素上文所作的分析是矛盾的。依据上文所说，"A相信p"这类命题的意义问题，"仅仅属于信念分析问题中的非心理部分。这个问题不过是两个事实之间的关系，即相信者所使用的一串语词与使这些语词成真或成假的事实之间的关系问题。"那么就只能得出维特根斯坦的结论：在"A相信p"这类命题中，p也同样是以真值基础的意义出现的。——译者

确方法应当使自己只限于以最大可能的清晰性和准确性陈述出来的科学命题,把哲学的断言留给学习者,并且向他证明,不管他何时作出这些断言,它们都是无意义的。的确,试图采用这种教学方法的人,也许会遭到苏格拉底的命运,但是如果这是唯一正确的方法,我们就不应被那种恐惧吓退。并非这一点使人们不顾维特根斯坦先生用来支持其主张的有力的论据,而在接受他的主张时引起某种犹豫。引起犹豫的是这一事实,即归根到底维特根斯坦先生还是在设法说出一大堆不能说的东西,这就使持怀疑态度的读者想到,可能有某种通过语言的等级系统或者其他的出路找到逃遁办法。例如,关于伦理学的全部论题,被维特根斯坦先生置于神秘的不可表达的范围之内,然而他还是能够传达他的伦理学见解。他会申辩说,他所称为的神秘之物虽然不能说,却是可以显示的。也许这种申辩是恰当的,但是,就我而言,我承认它使我产生某种理智上不快的感觉。

有一个纯粹的逻辑问题,对于这个问题这些困难显得特别尖锐。我指的是概括的问题。在概括的理论中,必须考虑 fx 形式的所有命题,这里 fx 是一给定的命题函项。根据维特根斯坦先生的体系,这属于可以表达的逻辑部分。但是看来应该包括在 fx 形式命题总体中的 x 的可能值的总体,维特根斯坦先生却不承认是在可说的事物之列,因为这正好就是世界上事物的总体,因而含有把世界作为整体来设想的企图;"把世界作为一个有限整体的感觉是神秘的";故而 x 的值的总体是神秘的(6.45)。当维特根斯坦先生否认我们能够作出关于世界上有许多事物,例如有多于三的事物的命题时,就清楚地表明了这个意思。

这些困难使我想到如下这种可能性:每一种语言,如维特根斯坦先生所说的,具有一种结构,关于这结构在该语言中是一点也不能说的,但是可以有另外一种论述第一种语言结构的语言,它本身具有新的结构,而且这种语言的等级系统可以是无限的。维特根斯坦先生当然会回答说,他的整个理论可以无须改变地应用于这种语言的总体。唯一的反驳是否认有任何这样的总体。然而维特根斯坦先生主张逻辑上不能说的这个总体,却被他认为是存在的,并且是他的神秘主义的主题。由我们的等级系统而来的总体不仅逻辑上不可表达,而且是一种虚构和纯粹的幻想,这样一来,所假想的神秘领域就会消失。这样一种假设是非常困难的,而且我能看到反对它的理由,对此我暂时还不知道如何回答。然而我也看不出任何一种比较容易的假设怎样能够逃脱维特根斯坦先生的结论。即使这一非常困难的假设证明是成立的,关于维特根斯坦先生的理论也还有很大一部分仍完好无损,虽然这也许不是他本人所希望特别强调的部分。作为一个对于逻辑学的困难和一些看起来无可辩驳的理论的不可靠性具有长期经验的人,我觉得自己不能仅仅根据我未能看出一个理论的错误之处而确信它的正确性。但是建造出一个在任何点上都没有明显错误的逻辑理论,就是完成了一件极其困难而且重要的工作。依我看来,维特根斯坦先生的这本书就具有这种价值,因而使它成为一本任何认真的哲学家都不能忽略的书。

伯特兰·罗素

1922年5月

谨以此书纪念我的朋友

大卫·平逊特

格言：……人所知道的而非仅由喧嚣扰攘中听来的一切，都可以用三个词说出来。

屈伦伯格尔

前　言

这本书也许只有那些自己本身已经一度思考过这本书中表达的思想或至少类似这一思想的人才会理解。——因此它不是一本教科书。——如果它使读懂了它的人觉得满意，它的目的也就达到了。

这本书讨论哲学问题，并且表明，——我相信——这些问题之所以提出，乃是基于对我们语言逻辑的误解。这本书的全部意义可以用一句话概括：凡是可以说的东西都可以说得清楚；对于不能谈论的东西必须保持沉默。

因此本书想要为思想划一个界限，或者毋宁说，不是为思想而是为思想的表达划一个界限：因为要为思想划一个界限，我们就必须能够想到这界限的两边（这样我们就必须能够想那不能想的东西）。

因此这界限只能在语言中来划分，而处在界限那一边的东西就纯粹是无意义的东西。

我的努力与别的哲学家符合到何种程度，我不想加以判定。的确，我在这里所写的在细节上并不要求创新；而我之所以没有指明思想来源，是因为我思考的东西是否已为别人先行思考过，于我是无关紧要的事情。

我只想提到,我受惠于弗雷格的巨著和我的朋友伯特兰·罗素先生的著作,它们在颇大程度上激发了我的思想。

如果这本书有一点价值,就在于两点:第一是书中表达了一些思想,因此这些思想表达得愈好——愈能说到点子上——它的价值也愈大。——这里我意识到离可能做到的还相差很远。这完全是因为我的能力太小,不足以完成这项任务。——希望有别人来完成得更好些。

另一方面,这里所传达的思想的真理性,在我看来是无可辩驳的和确定的。因此我认为,问题从根本上已获致最终的解决。而且,如果我这样认为没有错,那么这本书的价值所在的第二点就是,它表明了当这些问题获致解决时,所做的事情是多么地少。

路·维
1918 年,维也纳

1*　　　　世界是一切发生的事情。

1.1　　　 世界是事实的总体,而不是事物的总体。

1.11　　　世界为诸事实所规定,为它们即是全部事实所规定。

1.12　　　因为事实的总体规定那发生的事情,也规定那所有未发生的事情。

1.13　　　在逻辑空间中的诸事实就是世界。

1.2　　　 世界分解为诸事实。

1.21　　　每项事情可以发生或者不发生,其余的一切则仍保持原样。

2　　　　 发生的事情,即事实,就是诸事态①的存在。

2.01　　　事态是对象(事物)的结合。

2.011　　 事物的本质在于能够成为事态的组成部分。

2.012　　 逻辑中没有偶然的东西:如果一个事物能够出现在一个事态中,那么该事态的可能性必定已经预含于该事物之中。

2.0121　　如果一个事物本身能够独立存在,那么后来的适合

---

* 标记各个命题的十进数表明这些命题的逻辑重要性和在我的叙述中对它们的强调。命题 n.1,n.2,n.3 等等是对命题 n 的评注;命题 n.m1,n.m2 等等是对命题 n.m 的评注;余类推。

① "Sachverhalt"一词较早的英译文中都按照罗素的用语译为"原子事实"(atomic fact)。鉴于维特根斯坦对该词的使用与罗素的用语意思不全相同,因此在这里按照《逻辑哲学论》较新的英译本(1961 年 D.F. 皮尔斯和 B.F. 麦克吉尼斯译)译为"事态"(State of affairs)。——译者

于它的状况看来就是一种偶然的事情。

如果事物能够出现于事态之中,那么这一可能性必定一开始就已经存在于事物之中。

(在逻辑中没有纯粹是可能的事情。逻辑涉及每一种可能性,而一切可能性都是逻辑的事实。)

正如我们根本不能在空间之外思想空间对象,或者在时间之外思想时间对象一样,离开同其他对象结合的可能性,我们也不能思想一个对象。

如果我能够思想在事态中结合的对象,我就不能离开这种结合的可能性来思想对象。

2.0122　　事物就其能够出现在一切可能的状况中而言是独立的,但是这种独立性的形式是一种与事态相联系的形式,即一种依赖的形式。(词以两种不同的方式——单独地和在命题中——出现是不可能的。)

2.0123　　假如我知道一个对象,我也就知道它出现于诸事态中的所有可能性。

(每一个这种可能性必定在该对象的本性中。)

之后不可能发现新的可能性。

2.01231　　如果我要知道一个对象,虽然我不一定要知道它的外在性质,但是我必须知道它的一切内在性质。

2.0124　　如果给出所有的对象,那么同时也就给出了所有可能的事态。

2.013　　每个事物都像是在一个可能事态的空间里。我可以设想这个空间是空的,但是我不能设想没有这空间的事物。

2.0131　　空间对象必须处在无限的空间之中。(一个空间点就是一个主目位置。)

视域里的一个斑块,虽然不一定是红的,但它必须有某种颜色:所以说它被颜色空间[Farbenraum]所包围。音调必须具有某种高度,触觉对象必须具有某种硬度,等等。

2.014　　对象包含着一切状况的可能性。

2.0141　　对象出现在诸事态中的可能性就是对象的形式。

2.02　　对象是简单的。

2.0201　　每一个关于复合物的陈述可以分解为关于其各组成部分的陈述,分解为完全地描述该复合物的一些命题。

2.021　　对象构成世界的实体。因此它们不能是复合的。

2.0211　　假如世界没有实体,那么一个命题是否有意义就依赖于另一个命题是否为真。

2.0212　　在这种情况下就不可能勾画出世界的任何图像(真的或假的)。

2.022　　显然,一个想象的世界,无论它怎样不同于实在的世界,必有某种东西——一种形式——为它与实在的世界所共有。

2.023　　正是诸对象构成这种不变的形式。

2.0231　　世界的实体只能规定一种形式,而不能规定任何物质的属性。因为物质的属性只有通过命题来表述——只有通过对象的配置来构成。

2.0232　　　顺便说一下,对象是无色的。

2.0233　　　如果两个对象具有相同的逻辑形式,除了它们外在性质的差异之外,它们之间唯一的区别就是:它们是不同的。

2.02331　　或者一个事物具有别的任何事物都没有的属性,这时我们可以直接用一个描述使它同别的事物区分开来并指谓它;或者另一种情形,有好几个事物,它们的全部属性都是共有的,这时就完全不可能从它们之中指出某一个来。

　　　　　　因为如果没有任何东西来区分一个事物,我就不能区分它,不然的话它总是会被区分开来的。

2.024　　　实体是独立于发生的事情而存在的。

2.025　　　它是形式和内容。

2.0251　　　空间、时间和颜色(有色性)是对象的形式。

2.026　　　如果世界要有一个不变的形式,就必须要有对象。

2.027　　　不变者、实存者和对象是一个东西。

2.0271　　　对象是不变的和实存的;它们的配置则是可变的和不定的。

2.0272　　　对象的配置构成事态。

2.03　　　　在事态中对象就像链条的环节那样互相勾连。

2.031　　　在事态中对象之间以一定的方式相互关联。

2.032　　　对象在事态中发生联系的一定的方式,即是事态的结构。

2.033　　　形式是结构的可能性。

2.034　　　事实的结构由诸事态的结构组成。

2.04　　　存在的事态的总体即是世界。

2.05　　　存在的事态的总体也规定哪些事态不存在。

2.06　　　事态的存在和不存在即是实在。(我们还把事态的存在称为肯定的事实,把事态的不存在称为否定的事实。)

2.061　　　事态相互间是独立的。

2.062　　　从一个事态的存在或不存在不能推出另一个事态的存在或不存在。

2.063　　　全部实在即是世界。

2.1　　　我们给我们自己建造事实的图像。

2.11　　　图像描述逻辑空间中的情况,即事态的存在或不存在。

2.12　　　图像是实在的一种模型。

2.13　　　在图像中图像的要素与对象相对应。

2.131　　　在图像中图像的要素代表对象。

2.14　　　图像的要素以一定的方式相互关联而构成为图像。

2.141　　　图像是一种事实。

2.15　　　图像的要素以一定的方式相互关联,这表明事物也是以同样方式相互关联的。

　　　　　图像要素的这种关联称为图像的结构,而这种结构的可能性则称为图像的图示形式。

2.151　　　图示形式是这种可能性,即事物之间的联系方式和图像要素之间的联系方式是相同的。

2.1511   图像就是这样依附于实在的;它直接触及实在。

2.1512   它就像一把衡量实在的标尺。

2.15121   只有分度线的端点才真正接触到被测量的对象。

2.1513   按照这种理解,图像也应包含使之成为图像的图示关系。

2.1514   图示关系是由图像要素和事物之间的相关构成的。

2.1515   这些相关像是图像要素的触角,图像通过这些触角而接触实在。

2.16   事实要成为图像,它和被图示者必须有某种共同的东西。

2.161   在图像和被图示者中必须有某种同一的东西,因此前者才能是后者的图像。

2.17   图像为了能以自己的方式——正确地或错误地——图示实在而必须和实在共有的东西,就是它的图示形式。

2.171   图像能够图示其形式为图像所具有的一切实在。
          空间图像能够图示一切空间的东西,颜色图像能够图示一切有色的东西,等等。

2.172   然而图像不能图示它的图示形式;图像显示它的图示形式。

2.173   图像从外部表现它的对象。(它的观点就是它的表现形式。)因此图像会正确地或错误地表现它的对象。

2.174   然而图像本身不能处在它的表现形式之外。

2.18   任何图像,无论具有什么形式,为了能够一般地以某种方式正确或错误地图示实在而必须和实在共有的东西,就是逻辑形式,即实在的形式。

2.181　若图示形式为逻辑形式,图像即称为逻辑图像。

2.182　每一个图像同时也是一个逻辑图像。(另一方面,例如,并非每一个图像都是一个空间图像。)

2.19　逻辑图像可以图示世界。

2.2　图像和被图示者共有逻辑图示形式。

2.201　图像用表现事态存在和不存在的可能性来图示实在。

2.202　图像表现逻辑空间中的一种可能状况。

2.203　图像包含它所表现的状况的可能性。

2.21　图像与实在符合或者不符合;它是正确的或者错误的,真的或者假的。

2.22　图像通过图示形式表现它所表现的东西,而与图像本身为真或为假无关。

2.221　图像所表现的东西是图像的意义。

2.222　图像的真或假就在于它的意义与实在符合或者不符合。

2.223　要能看出图像的真假,必须将它同实在比较。

2.224　单从图像自身不能看出它的真假。

2.225　没有先天为真的图像。

3　事实的逻辑图像是思想。

3.001　"事态是可以思想的",意思是说,我们自己可以构造事态的图像。

3.01　真的思想的总体就是一幅世界的图像。

3.02　　　思想包含它所思想的情况的可能性。可以思想的东西也就是可能的东西。

3.03　　　我们不能思想非逻辑的东西,否则我们就必须非逻辑地思想。

3.031　　常言道,上帝能够创造一切,只是不能创造违反逻辑规律的东西。这就是说,我们不能说一个"非逻辑的"世界会是什么样子。

3.032　　在语言中不能表现任何"违反逻辑"的东西,就像在几何学中不能用坐标来表现违反空间规律的图形,或者给出一个并不存在的点的坐标一样。

3.0321　虽然我们能在空间上表现一个违反物理规律的事态,但是我们不能在空间上表现一个违反几何规律的事态。

3.04　　　如果一个思想是先天地正确的,那么它就是一个其可能性即保证了其真理性的思想。

3.05　　　仅当一个思想的真从它自身(无须同任何东西比较)就能看出时,我们才有关于一个思想为真的先天的知识。

3.1　　　思想在命题中得到了一种可由感官感知到的表达。

3.11　　　我们用命题中的可由感官感知的记号(声音的或书写的记号等等)作为可能情况的投影。
　　　　　投影的方法就是思考命题的意义。

3.12　　　我们用以表达思想的记号我称为命题记号。一个命题就是一个处在对世界的投影关系中的命题记号。

3.13　　　命题包括投影所包括的一切,而不包括被投影者。

因此命题包括的是被投影者的可能性，而不是被投影者本身。

因此命题中也不包含命题的意义，而只包含表达其意义的可能性。

（"命题的内容"是指有意义的命题的内容。）

命题中包含命题意义的形式而非其内容。

3.14 命题记号的构成，在于其中的要素（语词）是以一定方式相互关联的。

命题记号即是事实。

3.141 命题不是词的混合。——（就像音乐的主旋律不是音调的混合一样。）

命题是可以有节奏地说出的[artikuliert]。

3.142 只有事实才能表达意义，一组名称不能表达意义。

3.143 虽然命题记号即是事实，但是这一点却被通常的书写和印刷的表达形式所掩盖。

因为，例如在一个印刷出来的命题中，命题记号和词之间看起来并没有重大差别。

（这可能就是使弗雷格把命题称为复合名称的原因。）

3.1431 如果我们设想一个命题记号是由一些空间对象（例如桌子、椅子和书本）组成，而不是由一些书写记号组成，它的本质就会看得很清楚。

于是这些东西的空间分布就表达出这个命题的意义。

3.1432　我们必不可说:"复合记号'aRb'说的是 a 和 b 处在关系 R 中",而必须说:"'a'和'b'处于某种关系中这一事实,说的是 aRb 这一事实。"

3.144　情况可以描述,但是不能命名。

（名称像是一些点;命题像是一些箭头——它们具有意义。）

3.2　在命题中思想可以这样来表达,使得命题记号的要素与思想的对象相对应。

3.201　我称这些要素为"简单记号",称这命题为"完全分析了的"命题。

3.202　命题中使用的简单记号称为名称。

3.203　名称意指对象。对象是名称的指谓。（"A"和"A"是同一个记号。）

3.21　简单记号在命题记号中的配置,对应于对象在情况中的配置。

3.22　名称在命题中代表对象。

3.221　对象只能被命名。记号是对象的代表。我只能谈到对象,而不能用语词说出它们来。命题只能说事物是怎样的,而不能说它们是什么。

3.23　要求简单记号的可能性,就是要求意义的确定性。

3.24　关于复合物的命题与关于其组成部分的命题有一种内在的关系。

复合物只能通过对它的描述而给出,这描述可以是正确的或错误的。说到一个复合物的命题,如果这个复合物不存在，那么这个命题不是无意义的，而只是假的。

当一个命题要素标示一个复合物时，可以从它在其中出现的命题的不确定性看出来。我们知道，这种情形下这个命题有些东西是没有规定的。（概括性记号总是包含一种原型。）

把复合物的符号压缩为简单符号，可以用定义来表达。

3.25 命题有一个而且只有一个完全的分析。

3.251 命题以确定的可以清楚陈述的方式表达它所表达的东西：命题是可以有节奏地说出的。

3.26 名称不可用定义来作任何进一步的分析：名称是一种初始记号。

3.261 每个被定义的记号通过那些定义它的记号而起标示作用；定义则指明这一途径。

两个记号，如果一个是初始记号，而另一个是用一些初始记号定义的记号，则二者不能以相同的方式起标示作用。名称不能用定义来分解。（任何一个自身独立地具有指谓的记号也是如此。）

3.262 记号不能表达的东西，其应用显示之。记号隐略了的东西，其应用清楚地说出之。

3.263 初始记号的指谓可以通过解释来说明。解释就是包含初始记号的命题。所以只有已经知道这些记号的指谓，才能理解它们。

3.3 只有命题才有意义；只有在命题的联系关系中名称

才有指谓。

3.31 命题中表征其意义的每个部分我都称为表达式(或符号)。

(命题本身是一个表达式。)

凡是能够为诸命题所共有、对于命题的意义具有本质重要性的,都是表达式。

一个表达式标志一个形式和一个内容。

3.311 表达式以它能够在其中出现的所有命题的形式为前提。它是一类命题的共同特征的标记。

3.312 因此表达式表现为它所表征的那些命题的一般形式。

事实上,在这一形式中表达式为常项,而其余的一切都是变项。

3.313 因此表达式为一变项所表现,这变项的值就是那些包含该表达式的命题。

(在极限情况下,变项成为常项,表达式成为命题。)

我称这样一种变项为"命题变项"。

3.314 表达式只有在命题中才有指谓。所有变项都可理解为命题变项。

(连变名也一样。)

3.315 如果我们把命题的一个组成部分改为变项,就有了一类命题,它们全都是由此得来的变项命题的值。这个类一般还依赖于我们按任意约定所给予的原来命题各组成部分的指谓。但是,如果把其中已任意规定了指谓的所有记号都改为变项,仍然会得到一个这样的类。这个类不再依赖于任何约定,而仅仅依赖于命题的本性。它相应于一种逻辑形式——一种逻辑原型。

3.316 　　一个命题变项可以取一些什么值是某种被规定了的东西。

　　　　值的规定即是变项。

3.317 　　规定命题变项的值就是给出以这变项为共同特征的那些命题。

　　　　规定就是描述这些命题。

　　　　因此规定只涉及符号,而不涉及它们的指谓。

　　　　对于规定来说唯一重要的事情在于,它仅仅是对符号的描述,而对符号所标示的东西不作任何陈述。

　　　　命题的描述如何产生,那是不重要的。

3.318 　　像弗雷格和罗素一样,我把命题看成是其中包含的表达式的函项。

3.32 　　记号是一个符号中可以被感官感知到的东西。

3.321 　　故同一个记号(书写记号或声音记号等等)可以为两个不同的符号所共有——这时两者是以不同的方式在标示。

3.322 　　如果我们应用同一个记号,而以不同的标示方式来标示两个不同的对象,这样做决不能指示这两者有一个共同的特征。当然,这是因为这记号是未加规定的。因此我们可以选用两个不同的记号,这样,标示者一方还保持有什么共同点呢?

3.323　在日常语言中经常碰到同一个词有着不同的标示方式——因而属于不同的符号——，或者有着不同标示方式的两个词以表面上相似的方式应用于命题之中。

就如"是"(ist)这个词既作为系词，也作为相等的记号和存在的表达式①出现；"存在"(existieren)作为像"去"(gehen)一样的不及物动词出现；"同一的"(identisch)作为一个形容词出现；我们说到某事，同时也意味着说到某事的发生。

（在命题"Grün ist grün"②中，第一个词"Grün"是一个人的专名，最后一个词"grün"是一个形容词，这两个词不仅具有不同的指谓，而且它们是不同的符号。）

3.324　这样就容易发生最根本的混淆（整个哲学充满着这类混淆）。

3.325　为了避免这类错误，我们必须使用一种能够排除这类错误的记号语言，其中不将同一记号用于不同的符号中，也不以表面上相似的方式应用那些有着不同的标示方式的记号：也就是说，要使用一种遵从逻辑语法——逻辑句法——的语言记号。

（弗雷格和罗素的概念记号系统就是这样的一种语言，诚然它也还未能排除一切错误。）

3.326　为了通过其记号来辨识一个符号，我们必须在有意

---

① 德语"ist"一词也可用作表示"存在"、"有"。——译者
② "格林是不成熟的。"——译者

义的使用中观察它。

3.327　　记号只有结合它的符合逻辑句法的应用才能规定一种逻辑形式。

3.328　　如果一个记号是无用的,它也就是无指谓的。这就是奥卡姆准则①的要旨。

（如果一切情况都表明一个记号具有指谓,那么这个记号就是具有指谓的。）

3.33　　在逻辑句法中,记号的指谓决不应起任何作用。逻辑句法应该无须提到记号的指谓而建立起来;它仅仅以表达式的描述为前提。

3.331　　根据这一见解我们回过来看罗素的"类型论":罗素的错误显然在于,他在建立记号的规则时必须提到记号的指谓。

3.332　　没有一个命题能够作出关于自身的陈述,因为一个命题记号不能包含于它自身之中（这就是全部的"类型论"）。

3.333　　一个函项所以不能成为它自身的主目,因为函项的记号已经包含着其主目的原型,而且它不能包含自身。

让我们假设函项 F(fx) 可以成为它自身的主目,这时就会有一个命题"F(F(fx))",其中的外函项 F 和内函项 F 必定有不同的指谓,因为内函项具有 $\phi(fx)$ 的形式,

---

① 指奥卡姆的名言:"如无必要,勿增实体";哲学史上称之为"奥卡姆剃刀"。——译者

而外函项则具有 $\Psi(\phi(fx))$ 的形式。只有字母"F"对于两个函项是共同的,但是字母本身不标示任何东西。

如果我们把"F(F(u))"写作"$(\exists\phi):F(\phi u)\cdot\phi u=Fu$",这一点就立刻清楚了。

这样罗素的悖论就消解了。

3.334　　只要我们知道每一个别记号如何起标示作用,逻辑句法的规则就应当是自明的。

3.34　　命题具有本质特征和偶然特征。

偶然特征是随同产生命题记号的特定方式而来的特征,本质特征则是命题为了能够表达其意义所必不可少的那些特征。

3.341　　因此一个命题中本质的东西,是所有能够表达相同意义的命题共有的东西。

同样地,一般说来,一个符号中本质的东西,是所有能够达到同一目的的符号共有的东西。

3.3411　　因此可以说:一个对象的真正的名称,是所有标示这个对象的符号共有的东西。由此可以依次得出,任何一种组合对于一个名称都不是本质的。

3.342　　虽然我们的记号系统中确有某种随意的东西,但是如下这一点却不是随意的:即只要我们随意地规定了一个东西,某种其他的东西就必然要发生。(这一点来自记号系统的本质。)

3.3421　　一种特定的标示样式也许是不重要的,但它是一种可能的标示样式,这一点永远是重要的。在哲学中一般地正是这样:个别的情形总是一再表明是不重要的,但是每一个别情形的可能性都揭示了关于世界本质的某种东西。

3.343　　定义是从一种语言翻译为另一种语言的规则。凡是正确的记号语言都应该按照这种规则可以翻译为任何其他一种语言:这一点是一切正确的记号语言所共有的。

3.344　　在一个符号中起标示作用的东西,是依据逻辑句法规则可以代换这个符号的一切符号所共有的东西。

3.3441　　例如我们可以这样来表述所有真值函项记号系统共同的东西:它们的共同之处在于,比如说,它们每一种都能够用"∼p"("非 p")和"p∨q"("p 或 q")构成的记号系统来替换。

(这就表明了一种特定记号系统的可能性如何能够揭示某种一般东西的方式。)

3.3442　　复合物记号在分析中不能这样随意地分解,以致在不同的命题结合中它的每一次分解都不相同。

3.4　　一个命题规定逻辑空间中的一个位置。命题的各组成部分的存在——有意义的命题的存在,即保证了这种逻辑位置的存在。

3.41　　命题记号加上逻辑坐标,即是逻辑位置。

3.411　　几何位置和逻辑位置的一致之处在于,二者都是某物存在的可能性。

3.42　　一个命题虽然只能规定逻辑空间中的一个位置,然而整个逻辑空间也应该已经由它而给出。

　　　　　　（不然的话，通过否定、逻辑和、逻辑积等等就会在坐标上不断引入新的要素。）

　　　　　　（围绕着一个图像的逻辑脚手架规定着逻辑空间。一个命题有贯通整个逻辑空间的力量。）

3.5　　　　被使用的、被思考的命题记号即是思想。

4　　　　　思想是有意义的命题。

4.001　　　命题的总体即是语言。

4.002　　　人有能力构造语言，可以用它表达任何意义，而无须想到每一个词怎样具有指谓和指谓的是什么。——就像人们说话时无须知道每个声音是怎样发生的一样。

　　　　　　日常语言是人的机体的一部分，而且也像机体那样复杂。

　　　　　　人不可能直接从日常语言中懂得语言逻辑。

　　　　　　语言掩饰着思想。而且达到这种程度，就像不能根据衣服的外形来推出它所遮盖的思想的形式一样；因为衣服外形的设计不是为了揭示身体的形状，而是为了全然不同的目的。

　　　　　　理解日常语言所要依赖的种种默契是极其复杂的。

4.003　　　关于哲学问题所写的大多数命题和问题，不是假的而是无意义的。因此我们根本不能回答这类问题，而只能确定它们的无意义性。哲学家们的大多数命题和问题，都是因为我们不懂得我们语言的逻辑而产生的。

　　　　　　（它们都是像善是否比美更为同一或者更不同一之类的问题。）

因而用不着奇怪,一些最深刻的问题实际上却根本不是问题。

4.0031　全部哲学都是一种"语言批判"。(当然不是在毛特纳的意义上的批判。)罗素的功绩在于指明了一个命题表面的逻辑形式不一定就是它真正的逻辑形式。

4.01　　命题是实在的图像。

命题是我们所想象的实在的模型。

4.011　乍看起来,一个命题——例如印在纸上的某个命题——不像是它所论及的实在的一个图像。但是书写的音符乍看起来也不像是一首乐曲的图像,我们的声音记号(字母)也不像是我们口语的图像。

然而,即使在通常的意义下,这些记号语言也证明是它们所表现的东西的图像。

4.012　显然,一个"aRb"形式的命题使我们产生一个图像的印象。这种情况下这个记号显然是被标示者的一个相像物。

4.013　如果我们深入到图像特性的本质,就会看到,这种特性并不因表面的不规则性(如乐谱中使用♯和♭)而蒙受损害。

因为就是这种不规则性也图示它们想要表达的东西;不过用的是另外一种方式。

4.014　留声机唱片、音乐思想、乐谱、声波,彼此之间都处在一种图示的内在关系之中,这就是语言和世界之间具有的关系。

它们的逻辑结构都是共同的。

（就像童话里的两个少年，他们的两匹马和他们的百合花。在某种意义上，他们都是同一的。）

4.0141　有一条总的规则，使得音乐家能从总谱读出交响乐，使得我们能够通过唱片的沟纹放出交响乐来，而且应用原规则还可以从交响乐重新推得总谱。这些看起来完全不同的东西之间的内在相似性正在于此。这条规则就是将交响乐投射到音符语言上去的投影法则，也是把这种音符语言翻译为唱片语言的规则。

4.015　所有的比喻以及所有的表达方式的图示性质，其可能性都是基于图示的逻辑。

4.016　为了理解命题的本质，我们可以看一看象形文字，它图示着它所描述的事实。

从象形文字发展而来的字母文字，并未失去图示的本质。

4.02　我们看出这一点是基于如下事实：无须向我们解释我们就理解命题记号的意义。

4.021　命题是实在的图像：因为当我理解一个命题，我就知道它所表述的情况，而且无须向我解释其意义，我就理解这个命题。

4.022　命题显示其意义。

命题显示当它为真时事情是怎样的，而且宣称事情就是这样的。

4.023　命题对实在的确定必须达到二者取一：是或者否。

为此命题必须完全地描述实在。

命题是对事态的描述。

正如一个对象是通过给出其外部属性来加以描述一样,命题是通过实在的内部属性来描述实在的。

命题借助一种逻辑的脚手架来构造一个世界,因此如果一个命题为真,就可从中看出所有合乎逻辑的东西是怎样的。人们可以从假的命题作出推论。

4.024　理解一个命题意味着知道若命题为真事情该是怎样的。

(因此,不知道一个命题是否为真也可以理解它。)

理解一个命题的组成部分也就理解这个命题。

4.025　把一种语言翻译为另一种语言时,我们并不是把一种语言的每一个命题翻译为另一种语言的命题,而是只翻译命题的组成部分。

(字典不仅翻译名词,也翻译动词、形容词和连接词等等,它以同样方式对待所有这些词。)

4.026　必须向我们解释简单记号(词)的指谓,我们才能理解它们。

但是我们可以用命题清楚地表达自己的意思。

4.027　命题能够传达新的意义,这一点属于命题的本质。

4.03　命题必须用已有的表达式来传达新的意义。

命题传达情况,因此它必定在本质上与情况有关联。

而这种关联恰恰在于,命题是情况的逻辑图像。

命题仅仅在它是一个图像时才能陈述某种东西。

4.031　　　在命题中情况就像是用试验的方法组合起来的。

可以径直说:"这个命题表述如此这般的情况",而不说:"这个命题有如此这般的意义"。

4.0311　　一个名称代表一个事物,另一个名称代表另一个事物,而且它们是彼此组合起来的;这样它们整个地就像一幅活的画一样表现一个事态。

4.0312　　命题的可能性建立在对象以记号为其代表物这一原理的基础上。

我的一个基本的思想是:"逻辑常项"不是代表物,事实的逻辑是不能有代表物的。

4.032　　　只有当一个命题是合乎逻辑地组合起来的才是一个情况的图像。

(甚至命题"Ambulo"①也是组合的,因为它的词干配合另一种词尾,或它的词尾配合另一种词干,都会产生不同的意义。)

4.04　　　在一个命题和它所表述的情况中,应该恰好具有同样多的可以区分开来的部分。

两者必定具有同样的逻辑(数学)的多样性。(参照赫兹的《力学》论动力学模型。)

4.041　　　这种数学的多样性本身当然不能再被图示,因为图示时不可能摆脱这种多样性。

4.0411　　例如,如果我们想把"(x)·fx"所表达的东西,通过

---

① 拉丁文动词"ambulare"的第一人称、现在时,意为:我走路、我散步。——译者

在"fx"前面加上一个附标来表达,如写作"Alg·fx"①,那是不恰当的:我们会不知道那个附标概括的是什么。如果想用一个下标"a"来标示,如写作"$f(x_a)$",也不恰当:我们会不知道那个概括记号的范围。

如果试图在主目位置上引入一个标记来表达,如写作"$(A,A)·F(A,A)$",仍然不恰当:我们会不能确立诸变项的同一性。如此等等。

所有这些标示方式都不恰当,因为它们没有必须的数学多样性。

4.0412　　同样的道理,唯心主义者以"空间眼镜"解释空间关系的视觉是不恰当的,因为它不能解释这些关系的多样性。

4.05　　实在是与命题相比较的。

4.06　　命题只因为是实在的图像,才能为真或者为假。

4.061　　决不可忽略命题有一种独立于事实的意义,否则就很容易认为真和假是记号和它们所标示的东西之间具有同等地位的关系。

例如,这时人们就可以说,"p"以真的方式标示"～p"以假的方式所标示的东西,等等。

4.062　　我们能否用假命题——只要我们知道它们被认为是假的——来表达自己,就像我们一直用真命题表达自己

---

① "Alg"是"Allgemeine"(一般、普遍)的缩写,本条下面的下标"a"和主目位置的"A"也是该词的缩写。——译者

一样呢？不能！因为如果我们用一个命题来说一些事物处于一定情况，而且它们确实如此，则这个命题为真；如果我们用"p"意指"～p"，而且情况确如我们所指的那样，那么在新的理解下"p"为真而不为假。

4.0621　　然而记号"p"和"～p"能说同样的东西，这一点很重要，因为它表明实在中没有与记号"～"相对应的东西。

　　　　一个命题中出现的否定，不足以表征这个命题的意义（～～p＝p）。

　　　　命题"p"和"～p"具有相反的意义，但是和它们相对应的是同一个实在。

4.063　　可用一个比喻来说明真这个概念：设想白纸上有一个黑斑块：通过指明这纸上的每一点是黑的还是白的，就可描述这个斑块的形状。一个点是黑的事实，相应于一个肯定的事实，一个点是白（非黑）的事实，则相应于一个否定的事实。如果我在纸面上指出一个点（即弗雷格所谓的真值），这就相应于一个为判断而提出的假定，如此等等。

　　　　但是为了能够说出一个点是黑的或者白的，我必须首先知道一个点在什么情况下称为黑的和在什么情况下称为白的：为了能够说"p"为真（或者假），我必须规定在何种情况下我称"p"为真，并由此而规定这命题的意义。

　　　　这一比喻的不足之处在于：即使我们不知道什么是黑的和白的，我们也可以指出纸上的一点；但是如果一个命题没有意义，是没有什么东西与它相对应的，因为它并不标示一个具有可以称为"假"或"真"这种属性的东西（即真值）。一个命题的动词，并非如弗雷格所认为的，"为真"或者"为假"，而是"为真"的东西必须已经包含着动词。

4.064　每个命题必须已经具有一个意义：肯定并不能给命题以意义，因为所肯定的东西正好就是命题的意义。这一点同样也适用于否定，等等。

4.0641　可以说，否定必定已经与被否定命题所规定的逻辑位置有关。

否定命题规定一个不同于被否定命题所规定的逻辑位置。

否定命题借助被否定命题的逻辑位置来规定一个逻辑位置，因为它是在后者逻辑位置之外来描述后者的。

被否定命题可以再被否定，这本身就表明，被否定者已经是一个命题，而不仅仅是命题的某个起始部分。

4.1　命题表述事态的存在和不存在。

4.11　真命题的总体就是全部自然科学（或各门自然科学的总体）。

4.111　哲学不是自然科学之一。

（"哲学"一词所指的东西，应该位于各门自然科学之上或者之下，而不是同它们并列。）

4.112　哲学的目的是从逻辑上澄清思想。

哲学不是一门学说，而是一项活动。

哲学著作从本质上来看是由一些解释构成的。

哲学的成果不是一些"哲学命题",而是命题的澄清。

可以说,没有哲学,思想就会模糊不清:哲学应该使思想清晰,并且为思想划定明确的界限。

4.1121　心理学不比任何其他自然科学更为接近哲学。

知识论是心理学的哲学。

我对记号语言的研究,和哲学家们认为对逻辑哲学如此重要的那种思想过程的研究,难道不是一致的吗?只是在大多数情形下,他们都纠缠于一些非本质的心理学考察,在我的方法这里也有类似的危险。

4.1122　达尔文的理论不比自然科学中任何其他一种假设更与哲学有关。

4.113　哲学为自然科学划定可以在其中进行争论的范围。

4.114　哲学应当为能思考的东西划定界限,从而也为不能思考的东西划定界限。

哲学应当从内部通过能思考的东西为不能思考的东西划定界限。

4.115　哲学将通过清楚地表达可说的东西来指谓那不可说的东西。

4.116　凡是能思考的东西都能清楚地思考。凡是可以说的东西都可以清楚地说出来。

4.12　命题能够表述全部实在,但是不能表述它们为了能够表述实在而必须和实在共有的东西——即逻辑形式。

为了能够表述逻辑形式,我们必须能够和命题一起置身于逻辑之外,也就是说,置身于世界之外。

4.121 命题不能表述逻辑形式;后者反映于命题之中。
自行反映在语言中的东西,语言不能表述。
语言中表达了自己的东西,我们不能用语言来表达。
命题显示实在的逻辑形式。
命题展示出这种逻辑形式。

4.1211 因此,一个命题"fa"显示:对象 a 出现在该命题的意义中;两个命题"fa"和"ga"则显示:二者说的是同一个对象。
如果两个命题互相矛盾,则它们的结构显示这一点;如果其中一个从另一个推导出来,也由其结构显示出来。如此等等。

4.1212 能显示出来的东西,不能说出来。

4.1213 现在我们也理解了我们的这种感觉:只要我们的记号语言中一切都得到正确处理,我们也就有了一个正确的逻辑观点。

4.122 在某种意义上我们可以谈对象和事态的形式属性,或者,对事实而言,谈它们的结构属性,以及在同一意义上谈它们的形式关系和结构关系。
〔我也可以不说"结构属性"而说"内部属性";不说"结构关系"而说"内部关系"。
我引入这些表达式,是为了指明在哲学家当中广为流行的混淆内部关系和真正的(外部)关系的根源。〕
不过,这些内部属性和关系的存在不能通过命题来断言,而是在表述有关事态和涉及有关对象的命题中它们自己显示出来。

4.1221　事实的一个内部属性也可以称为这个事实的一个特征（如在我们所说的面部特征的意义上。）

4.123　一个属性，如果不能设想它的对象不具有它，它就是一个内部属性。

（因此，这个蓝色同那个蓝色处在浅些或者深些的内部关系中。这两个对象不处在这种关系中是不可设想的。）

（在这里，"对象"一词的变化不定的用法和"属性"、"关系"这两个词的变化不定的用法是一致的。）

4.124　一个可能情况的某个内部属性的存在，不是用命题来表达，而是在表述这个情况的命题中，通过该命题的一个内部属性自己表达出来。

断言命题具有一种形式属性和否认它具有一种形式属性，同样是无意义的。

4.1241　说一种形式具有这种属性而另一种形式具有那种属性，是不可能把两种形式彼此区分开来的；因为这样就要假定二者之中任一属性归属任一形式是有意义的。

4.125　可能情况之间的某种内部关系的存在，通过表述这些情况的命题之间的某种内部关系在语言中自己表达出来。

4.1251　这里我们就得到了关于"是否所有关系都是内部的或者外部的"这个争论不休的问题的回答。

4.1252　一个按照内部关系依次序排列的系列，我称为形式系列。数列不是按照外部关系,而是按照内部关系依次序排列的。

命题系列也是如此:

"aRb"

"(∃x):aRx·xRb"

"(∃x,y):aRx·xRy·yRb"

如此等等。

(如果b对a处在上述关系之一,我称b为a的一个后继。)

4.126 现在我们也可以在形式属性的意义上来谈形式概念。

(我引入这个表达式,是为了弄清楚那贯穿于整个传统逻辑中的混淆形式概念和真正概念的根源。)

当某种东西归入形式概念而成为后者的一个对象,这一点是不能用命题来表达的,而是在这个对象的记号自身中显示出来。(一个名称显示它标示一个对象,一个数的记号显示它标示一个数,等等。)

形式概念确实不能和专有概念一样用函项来表述。

因为它们的特征,即形式属性,是不能用函项来表达的。

形式属性的表达式是一定符号的特征。

因此,代表一个形式概念特征的记号,是其指谓属于该概念的所有符号的特有特征。

因此,一个形式概念的表达式是一个以这种特有特征为唯一常项的命题变项。

4.127　　　命题变项标示形式概念,命题变项的值标示属于该形式概念的对象。

4.1271　　每一个变项都是一个形式概念的记号。

因为每一个变项都表示一个为它的所有值具有的不变形式,而这一形式就可以看作为这些值的形式属性。

4.1272　　因此变名"x"就是对象这个伪概念的专有记号。

凡属正确地使用"对象"("事物"、"物",等等)一词的地方,在概念记号系统中总是用变项名称来表达的。

例如,在命题"有两个对象,它们……"中,就用"($\exists$x,y)…"来表达。

一旦以别种方式来使用这个词,如把它作为专有概念词使用,就只能造成无意义的似是而非的命题。

因此,例如,不能像说"有一些书"那样,说"有一些对象"。同样也不能说"有100个对象",或者,"有$\chi_0$①个对象"。

因而说对象的总数是无意义的。

这一点同样适用于"复合物"、"事实"、"函项"、"数"这些词,等等。

它们全都标示形式概念,因而在概念记号系统中用变项来表述,而不是(如弗雷格和罗素所认为的)用函项或者类来表述。

---

① "χ_0"希伯来文字母,表示数学上的无穷数。——译者

诸如"1是一个数","只有一个零"以及一切类似的表达式,都是无意义的。

(说"只有一个1"就和说"2+2在3点钟的时候等于4"一样是无意义的。)

4.12721　　一个形式概念是随着属于它的任何一个对象的给定而立即给定的,因此,不能把属于一个形式概念的对象和这个形式概念本身一起作为初始观念引入。因此,比如说,不能如罗素那样,把函项概念和特定的函项两者一起作为初始观念引入;或者,把数的概念和确定的数两者一起作为初始观念引入。

4.1273　　如果我们要在概念记号系统中表达一般命题"b是a的一个后继",就需要有一个形式系列的一般项的表达式:

$$aRb,$$
$$(\exists x):aRx.xRb,$$
$$(\exists x,y):aRx.xRy.yRb,$$
$$\ldots\ldots$$

一个形式系列的一般项必须用变项来表达,因为"该形式系列的项"这个概念是一个形式概念。(这一点为弗雷格和罗素所忽略;因此他们用以表达上述那种一般命题的方式是不正确的,其中包含着一种恶性循环。)

我们可以通过给出第一项和由前一命题产生下一项的运算的一般形式来规定形式系列的一般项。

4.1274　　问一个形式概念是否存在是无意义的,因为不可能有一个命题是对这个问题的回答。

（因此，例如，不能提问"是否存在不可分析的主谓式命题？"这种问题。）

4.128　　逻辑形式是无数的。

因此在逻辑中没有特殊的数，因此也没有哲学的一元论和二元论的可能性，等等。

4.2　　命题的意义是它与事态的存在和不存在的可能性符合和不符合。

4.21　　最简单的命题，即基本命题，断言一个事态的存在。

4.211　　不可能有基本命题同它相矛盾，这是一个基本命题的标志。

4.22　　基本命题由名称组成。它是名称的一种关联，一种联结。

4.221　　显然，对命题的分析必须达到由名称的直接结合而组成的基本命题。

这就发生了一个问题：命题的结合是怎样产生的？

4.2211　　即使世界无限复杂，因此每个事实都是由无限多个事态组成，而且每个事态又都是由无限多个对象组合起来，那也仍然必须有诸对象和事态。

4.23　　名称只有同基本命题发生关联才能在命题中出现。

4.24　　名称是简单符号，我用单个的字母（"x"、"y"、"z"）来表示。

我把基本命题写作名称的函项，所以它们具有"fx"，"$\phi(x,y)$"的形式，等等。

或者我用字母 p, q, r 来表示它们。

4.241　　当我使用的两个记号具有同一指谓时,我就在它们之间放入记号"＝"来表达这一点。

因此"a＝b"就意味着记号"b"可以替换记号"a"。

(如果我用等式引进一个新记号"b",规定它可用以替换已知记号"a",那么,像罗素那样,我把这个等式(定义)写成"a ＝ bDef.①"的形式。定义就是一条记号规则。)

4.242　　因此,"a＝b"形式的表达式不过是一种表述的辅助手段。关于记号"a"和"b"的指谓,它们并没有陈述什么东西。

4.243　　如果不知道两个名称是标示同一个事物还是标示两个不同事物,我们能够理解这两个名称吗?——如果不知道在一个命题中出现的两个名称的指谓是相同还是不同,我们能够理解这个命题吗?

假如我知道一个英文词和一个具有相同指谓的德文词的指谓:那么我就不可能不知道二者是具有相同指谓的;我必定能把其中一个翻译为另一个。

像"a＝a"这样的表达式以及从中推得的那些表达式,既不是基本命题,也不是另一类有意义的记号。(下面将会表明这一点。)

4.25　　若一个基本命题为真,事态就存在;若一个基本命题

---

① "Def."为"Definition"(定义)一词的缩写。——译者

为假,事态就不存在。

4.26　若列举出所有为真的基本命题,就完全地描述了世界。世界通过列举所有的基本命题加上列举其中哪些为真哪些为假而被完全地描述。

4.27　关于 n 个事态的存在和不存在,有 $K_n = \sum_{\nu=0}^{n} \binom{n}{\nu}$ 种可能性。

这些事态的任何一种组合都可存在而同时别的组合不存在。

4.28　和这些组合相应的即是同等数目的关于这 n 个基本命题的真(和假)的可能性。

4.3　基本命题的真值可能性意指事态存在和不存在的可能性。

4.31　我们可用如下这种图式(见第 59 页)来表述真值可能性。("W"指"真","F"指"假";在基本命题行下面的"W"和"F"的各行,以易于理解的方式标明各种真值可能性。)

4.4　命题是与基本命题的真值可能性符合和不符合的表达式。

4.41　基本命题的真值可能性是命题真和假的条件。

4.411　这也许立即使人想到,引入基本命题乃是理解所有其他命题的基础。的确,对一般命题的理解显然是依赖于对基本命题的理解的。

4.42　关于一个命题与 n 个基本命题的真值可能性符合和

不符合，有 $\sum_{K=0}^{K_n} \binom{K_n}{K} = L_n$ 种可能情况。

p	q	r
W	W	W
F	W	W
W	F	W
W	W	F
F	F	W
F	W	F
W	F	F
F	F	F

，

p	q
W	W
F	W
W	F
F	F

，

p
W
F

。

4.43　　在图式中我们可用与真值可能性相关的标记"W"（为真）来表达与真值可能性的符合。

没有这个标记就意指不符合。

4.431　　与基本命题的真值可能性符合和不符合的表达式，表达命题的真值条件。

命题即是其真值条件的表达式。

（因此，弗雷格在解释他的概念记号系统的记号时以真值条件为出发点，是完全正确的。但是弗雷格对真值概念的解释是错误的：如果"真"和"假"真的是对象，而且是～p等等中的主目，那么依照弗雷格的方法，～p的意义就根本是未确定的。）

4.44　　由标记"W"与真值可能性相关而产生的记号，就是一个题记号。

4.441　　很清楚,关于记号"F"和"W"的复合物,并没有对象(或对象的复合物)与之相对应;正好就像没有任何对象与横线、竖线或括号相对应一样。——不存在"逻辑对象"。

当然,这也同样适用于所有和"W"与"F"的图式表达的东西相同的记号。

4.442　　例如,以下就是一个命题记号:

"p	q	"
W	W	W
F	W	W
W	F	
F	F	W

。

(弗雷格的"断定号""⊢"逻辑上是完全无指谓的:在弗雷格(和罗素)的著作中,它不过表示作者主张用这个记号标记的命题是真的。因此,"⊢"不是命题的组成部分,就像命题的编号不是命题的组成部分一样。一个命题不可能宣称自己为真。)

如果一个图式中真值可能性的排列次序是由组合规则一次性地固定好的,那么最后一列本身就是一个真值条件的表达式。将这一列写成为一行,上述命题记号就成为:

"(WW—W)(p,q)"

或者,更清楚一点:

"(WWFW)(p,q)"。

(左边括号中的位数由右边括号中的项数决定。)

4.45 对于 n 个基本命题有 L_n 组可能的真值条件。

从一定数目基本命题的真值可能性得来的真值条件组,可以排成一个系列。

4.46 在可能的真值条件组中有两种极端情况。一种情况是,一个命题对于所有基本命题的真值可能性都为真。我们称该真值条件是重言式的。

第二种情况是,一个命题对于所有真值可能性都为假:该真值条件是矛盾的。

在第一种情况下,我们称这命题为重言式,在第二种情况下,称这命题为矛盾式。

4.461 命题显示它们所说的东西,重言式和矛盾式则显示它们什么也没有说。

重言式没有真值条件,因为它无条件地为真;而矛盾式则不在任何条件下为真。

重言式和矛盾式是缺少意义的。

(就像两个箭头由此指向相反方向的一个点。)

(例如,当我知道或者下着雨或者没有下雨时,关于天气我就什么也不知道。)

4.4611 但是,重言式和矛盾式不是无意义的。它们是符号系统的一部分,正如"0"是算术符号系统的一部分。

4.462 重言式和矛盾式不是实在的图像。它们不表述任何可能情况。因为前者容许每一种可能情况,后者则排除任何一种可能情况。

在重言式中,与世界符合的条件——表现关系——互相抵消,以致它与实在没有任何表现关系。

4.463　　命题的真值条件规定它给事实留出的范围。

（一个命题,一个图像或者一个模型,在否定的意义上就像一个固体,限制着其他物体的活动自由;在肯定的意义上就像用固体物质围住的一片空间,其中有一个物体活动的场所。）

重言式为实在留出了全部——整个无限的——逻辑空间;矛盾式则占满了全部逻辑空间,一点也没有留给实在。因而二者都不以任何方式规定实在。

4.464　　重言式的真是确定的,命题的真是可能的,矛盾式的真是不可能的。

（确定的,可能的,不可能的:这里就有了我们在概率论中所需要的最重要的分度标志。）

4.465　　一个重言式和一个命题的逻辑积,与这个命题说的是同一回事情。因此,这积与这命题是同一的。因为没有改变一个符号的意义就不能改变它的本质。

4.466　　记号的一定的合乎逻辑的结合,对应着其指谓的一定的合乎逻辑的结合。能与每一种任意的结合对应的只能是非结合的记号。

换句话说,对于每一种情况都为真的命题,根本不可能是记号的结合;因为,如果它们是记号的结合,就只能有对象的一定的结合与它们相对应。

(而不合乎逻辑的结合是没有一种对象的结合与之相对应的。)

重言式和矛盾式是记号结合的极限情形：即记号结合的解体。

4.4661　当然，在重言式和矛盾式中，记号也是互相结合着的，即它们彼此之间有一定的关系；但是这些关系是无指谓的，对符号而言它们不是本质的东西。

4.5　看来现在可以给出最一般的命题形式：即给出一个关于任何一种记号语言的命题的描述，使得每一种可能的意义都能够用适合这种描述的符号来表达，而且，在适当地选择名称指谓的前提下，每一个适合这种描述的符号都能表达一种意义。

显然，在这种描述中只能包含对于最一般的命题形式为本质的东西，否则，它就不会是最一般的形式。

一般的命题形式的存在，为以下事实所证明：即没有任何一个命题，其形式是不能预知（即构造）的。命题的一般形式是：事情是如此这般的。

4.51　假如向我给出了所有的基本命题：那么问题就只在于我能用它们构造出一些什么命题。这样我就有了全部命题，而且这就确定了这全部命题的界限。

4.52　命题包括从所有基本命题的总体（自然，也从其确实是所有基本命题的总体）中所能得出的一切。（因此，在一定的意义上可以说，一切命题都是基本命题的概括。）

4.53　一般的命题形式是变项。

5 命题是基本命题的真值函项。

(基本命题是自身的真值函项。)

5.01 基本命题是命题的真值主目。

5.02 函项的主目很容易和名称的附标相混淆。因为从主目和附标我都能看出包含它们的那些记号的指谓。

例如,当罗素写"+。"时,其中"c"就是一个附标,它指明整个记号是用于基数的加号。但是这种标记法是一种任意约定的结果,因而完全可能选择一个简单的记号来代替"+。";可是,在"～p"中,"p"不是附标而是主目:除非已经先理解了"p"的意义,"～p"的意义就不可能理解。(在名称尤利乌斯·恺撒中,"尤利乌斯"是一个附标。附标总是对对象的描述的一部分,我们把它附加到对象的名称上面:例如尤利乌斯家族中的这位恺撒。)

如果我没有弄错,弗雷格关于命题和函项的指谓理论,就是建立在混淆主目和附标的基础之上的。弗雷格认为逻辑命题是名称,而它们的主目则是这些名称的附标。

5.1 真值函项可以排成系列。

这是概率论的基础。

5.101 一定数目的基本命题的真值函项,可以按以下这种图式列出:

(WWWW)(p,q) 重言式(如果 p 则 p,且如果 q 则 q。)

$$(p \supset p \cdot q \supset q)$$

(FWWW)(p,q) 用话来说:非 p 且 q 两者。(～(p・q))

(WFWW)(p,q) 用话来说:如果 q 则 p。(q⊃p)
(WWFW)(p,q) 用话来说:如果 p 则 q。(p⊃q)
(WWWF)(p,q) 用话来说:p 或 q。(p∨q)
(FFWW)(p,q) 用话来说:非 q。(~q)
(FWFW)(p,q) 用话来说:非 p。(~p)
(FWWF)(p,q) 用话来说:p 或 q,但非 p 且 q。(p・~q:∨:q・~p)
(WFFW)(p,q) 用话来说:如果 p 则 q,且如果 q 则 p。(p≡q)
(WFWF)(p,q) 用话来说:p。
(WWFF)(p,q) 用话来说:q。
(FFFW)(p,q) 用话来说:既非 p 亦非 q。(~p・~q 或 p|q)
(FFWF)(p,q) 用话来说:p 且非 q。(p・~q)
(FWFF)(p,q) 用话来说:q 且非 p。(q・~p)
(WFFF)(p,q) 用话来说:p 且 q。(p・q)
(FFFF)(p,q) 矛盾式(p 且非 p,和 q 且非 q)(p・~p・q・~q)

我将用命题的真值基础这个名称来称呼其真值主目使该命题为真的那些真值可能性。

5.11 如果为一定数目的命题所共有的真值基础,同时也是某个命题的真值基础,那么我们就说,这个命题的真是从另外那些命题的真得来的。

5.12 特别是,如果命题"q"的所有真值基础也是命题"p"的真值基础,那么命题"p"的真就是从"q"的真得来的。

5.121 一个命题的真值基础包含在另一个命题的真值基础之中:p 从 q 得出来。

5.122 如果 p 从 q 得出来,则"p"的意义包含在"q"的意义之中。

5.123 如果上帝创造一个世界,其中某些命题为真,那么由此它也就创造了一个世界,其中所有从这些命题得出来的命题也同样为真。同样,它也不可能在创造出一个命题"p"为真的世界的同时,而不创造出这个命题的所有对象。

5.124 　　一个命题肯定每一个从它得出来的命题。

5.1241 　　"p·q"既是肯定"p"的命题之一,也是肯定"q"的命题之一。

　　两个命题,如果没有一个有意义的命题肯定它们两者,它们就是彼此反对的。

　　凡与另一个命题矛盾的命题,都否定这个命题。

5.13 　　一个命题的真从另一些命题的真得出来,这一点我们可以从这些命题的结构看出来。

5.131 　　如果一个命题的真从另一些命题的真得出来,这一点为这些命题的形式相互之间的关系所表达:我们无须通过把这些命题结合成为一个单独的命题,来建立起它们之间的这些关系;相反地,这些关系是内在的,它们的存在是这些命题存在的一个直接结果。

5.1311 　　当我们从 p ∨ q 和 ~p 推出 q 时,命题形式"p ∨ q"和"~p"之间的关系在这里被我们的标示方式所掩盖。但是,例如,若将"p ∨ q"写为"p|q·|·p|q",将"~p"写为"p|p"(p|q=既非 p 也非 q),其内在联系就显而易见了。

　　(从 (x)·fx 可以推出 fa,这表明符号 (x)·fx 本身也包含着概括。)

5.132 　　如果 p 从 q 得出来,则我能作出从 q 到 p 的推论,即从 q 推出 p 来。

单从这两个命题即可了解推论的特性。

只有这两个命题本身才能证明此推论的正确。

如弗雷格和罗素著作中用以证明推论为正确的"推演律"是缺少意义的,因而是多余的。

5.133　一切演绎推理都是先天形成的。

5.134　一个基本命题不能从另一个基本命题推演出来。

5.135　从一种情况的存在无法推论出另一种完全不同的情况的存在。

5.136　没有证明这样一种推论为正确的因果联系。

5.1361　我们不能从现在的事件推出将来的事件。相信因果联系是迷信。

5.1362　意志自由在于不可能知道尚属未来的行为。仅当因果性像逻辑推论一样是一种内在的必然性,我们才能知道这些行为。——知与所知的联系是逻辑必然性的联系。

(如果 p 是重言式,则"A 知道 p 是发生的事情"便是缺乏意义的。)

5.1363　如果不能从一个命题对于我们是自明的而推出它为真,则它的自明性就不能保证我们相信它为真是正确的。

5.14　如果一个命题是从另一个命题得出来的,那么后者所说较前者为多,前者所说较后者为少。

5.141　如果 p 从 q 得出来且 q 从 p 得出来,则二者为同一个命题。

5.142　　　重言式从一切命题得出来:它什么也没有说。

5.143　　　矛盾式是没有一个命题与其他命题共有的命题共性,重言式是彼此间没有任何共同东西的所有命题的共性。

可以说,矛盾式隐迹于一切命题之外;重言式则隐迹于一切命题之内。

矛盾式是命题的外部界限;重言式则是居于诸命题中心的非实在的点。

5.15　　　如 w_r 是命题"r"的真值基础数,w_{rs} 是同属命题"s"和"r"的真值基础数,则我们称比值 $w_{rs} : w_r$ 为命题"r"给予命题"s"的概率度。

5.151　　在如上述 5.101 那样的图式中,设 w_r 是命题 r 的"w"数,w_{rs} 是和命题 r 的那些"w"同列的命题 s 的"w"数。则命题 r 给命题 s 以概率 $w_{rs} : w_r$。

5.1511　　没有概率命题特有的特殊对象。

5.152　　彼此之间没有共同的真值主目的命题,我们称它们是相互独立的。

两个基本命题彼此给予概率 $\frac{1}{2}$。

如果 p 从 q 得出来,则命题"q"给予命题"p"概率 1。逻辑推论的确实性是概率的一种极限情况。

(应用于重言式和矛盾式。)

5.153　　就其自身而言,一个命题既不是概率的也不是非概率的。一个事件或者发生,或者不发生:没有中间状况。

5.154　　　设在一个罐子里有相等数量的白球和黑球(且没有任何别种颜色的球)。我一个一个地取出球来,又将它放回罐里。用这种试验我能够确定,随着不断地这样做下去,取出来的黑球数和白球数是彼此接近的。

所以这不是一个数学的真实。

如果我说:"我取到一个白球的概率和取到一个黑球的概率是相等的",这就意味着,我所知道的全部情况(包括作为假设的自然律)给予一个事件发生的概率不大于另一个事件发生的概率。也就是说,正如从以上的说明所不难理解的,给予每个事件以概率 $\frac{1}{2}$。

通过试验我能够确认的是:这两个事件的发生是独立于我并不详细知道的种种情况的。

5.155　　　概率命题的最小单元是:诸情况——我对它们别无所知——对一特定事件的发生给予某一概率度。

5.156　　　由此可见,概率是一种概括。

它包含着对一种命题形式的一般的描述。

仅当缺少确定性时我们才使用概率——虽然我们关于一个事实的知识是不完全的,但是关于它的形式我们确实知道某种东西。

(一个命题也许是一定情况的不完全的图像,但它总归是某种东西的完全的图像。)

一个概率命题是另外一些命题的一种摘要。

5.2　　　命题的结构之间具有内在的关系。

5.21　　　为了在我们的表达方式中突出这些内在关系,可以把一个命题表现为一个运算的结果,这个运算通过另外一些命题(即该运算的基础)而产生出这个命题来。

5.22　　　运算就是其结果和基础两者结构之间关系的表达式。

5.23　　　必须对一个命题施以运算才能产生出别的命题来。

5.231　　当然,这要依赖于它们形式的属性,依赖于它们形式的内在相似性。

5.232　　整编成一个系列所依赖的内在关系,等价于一个从一项产生出另一项来的运算。

5.233　　运算只能出现在一个命题以逻辑上有意义的方式产生于其他命题的地方,也即命题的逻辑构造开始的地方。

5.234　　基本命题的真值函项是以基本命题为基础的运算的结果(我称这些运算为真值运算。)

5.2341　p 的真值函项的意义是 p 的意义的真值函项。

否定、逻辑加、逻辑乘等等都是运算。

(否定将命题的意义反转。)

5.24　　　运算显示于变项中,它显示我们怎样可以从命题的一种形式得到另一种形式。

运算表达形式之间的差异。

(运算的基础与其结果之间所共有的恰为这些基础本身。)

5.241　　运算标志的不是一种形式,而是一种形式之间的差异。

5.242　　　　从"p"产生"q"的运算,同样也从"q"产生"r",如此等等。表达这一点的唯一方式是:"p"、"q"、"r"等等必须是为一定的形式关系给出一般表达式的变项。

5.25　　　　运算的出现并不表征命题的意义。

的确,运算是无所陈述的,只有它的结果才有所陈述,而这又依赖于运算的基础。

(运算和函项决不能互相混淆。)

5.251　　　　一个函项不可能是它自身的主目,然而一个运算的结果可以成为该运算自身的基础。

5.252　　　　只有这样,从一个形式系列中的一项到另一项(在罗素和怀特海的等级系统中是从一个类型到另一个类型)的推移才是可能的。(罗素和怀特海不承认这种推移的可能性,但是他们自己却一再地利用这种可能性。)

5.2521　　　　一个运算重复地应用于其自身的结果,我称之为运算的连续应用("o'o'o'a"是三次连续应用运算"o'ξ"于"a"的结果。)

我也在同样的意义上谈到连续应用几个运算于若干个命题。

5.2522　　　　因此我把形式系列 a,o'a,o'o'a,……的通项记为"[a,x,o'x]"。这个括起来的表达式是一个变项:其中第一项是形式系列的首项,第二项是系列中任意选取的项 x 的形式,第三项是系列中紧接 x 之后的那一项的形式。

5.2523　　　　连续应用一个运算的概念和"如此等等"这个概念是等价的。

5.253　　　　一个运算可以取消另一个运算的作用,运算可以互相抵消。

5.254　　　　运算可以消失(如在"∼∼p"中的否定:∼∼p＝p)。

5.3　　　　所有命题都是基本命题的真值运算结果。

真值运算是从基本命题产生出真值函项的方法。

依据真值运算的本性,就如从基本命题产生出它们的真值函项一样,以同样的方法也可以从真值函项产生出新的真值函项。当一个真值运算施用于基本命题的真值函项,总是产生出基本命题的另一个真值函项,即另一个命题。对基本命题真值运算的结果再作一次真值运算,其结果总可等同于对基本命题施用某一单独的真值运算。

每个命题都是对基本命题作真值运算的结果。

5.31　　　　即使"p"、"q"、"r"等等不是基本命题,4.31 的图式也是有指谓的。

容易看出,即使"p"和"q"是基本命题的真值函项,4.442 中的命题记号也仍然是表达基本命题的一个真值函项。

5.32　　　　所有真值函项都是把有限数量的真值运算连续应用于基本命题的结果。

5.4　　　　这就表明,没有(在弗雷格和罗素的意义上的)"逻辑对象"或"逻辑常项"。

5.41　　　　因为:所有的对于真值函项的真值运算结果,只要它们是基本命题的同一个真值函项,就都是等同的。

5.42 显然，∨、⊃等等不是右和左等等那种意义上的关系。

弗雷格和罗素的逻辑"初始记号"的交叉定义已足以表明，它们不是初始记号，更不是关系的记号。

显然，通过"∼"和"∨"定义的"⊃"和在"∨"的定义中与"∼"一起出现的那个"⊃"是等同的；而且后面这个"∨"与前一个"∨"也是等同的，如此等等。

5.43 从一个事实p会得出无数其他事实，即∼∼p，∼∼∼∼p等等，这看起来有点令人难以置信。同样使人惊讶的是，无数的逻辑（数学）命题是从半打"初始命题"得出来的。

但是一切逻辑命题之所说都是相同的，即什么也没有说。

5.44 真值函项不是实质函项。

例如，肯定可以由双否定产生，因此否定是否在某种意义上就包含在肯定之中呢？"∼∼p"是否定∼p，还是肯定p，还是两者都是呢？

命题"∼∼p"并不是把否定作为一个对象而与之相关；而另一方面，否定的可能性在肯定中又是早就预定了的。

而且，如果存在一个称为"∼"的对象，那么就会得出，"∼∼p"说了某种不同于"p"所说的东西。这是因为一个命题涉及"∼"，而另一个命题则否。

5.441 这些表面的逻辑常项的这种消失，也发生于"∼(∃x)·∼fx"的情形，它与"(x)·fx"所说的是一样的；或者也发生于"(∃x)·fx·x＝a"的情形,它与"fa"说的是一回事情。

5.442　　　如果给定一个命题,那么以它为基础的一切真值运算的结果也随之给定。

5.45　　　如果有了逻辑的初始记号,那么任何正确的逻辑就必须能够清楚地表明这些记号彼此之间的相对地位,并证明它们存在的合理性。以其初始记号为基础的逻辑的构造,必须是清楚的。

5.451　　　如果逻辑有一些初始概念,它们就应该是互相独立的。如果引入了一个初始概念,那么在它出现的一切结合里,它都是应该是已经引入了的。因此,它不能先对一种结合引入,尔后又对另一种结合再次引入。例如,一旦引入了否定,我们就应该既在"～p"形式的命题中理解它,也在"～(p ∨ q)"、"(∃ x)·～fx"等等这样的命题中同样地理解它。我们不应先对一类情况引入它,然后又对另一类情况引入它,因为这样一来,它的指谓在两类情况中是否相同,就值得怀疑,而且没有理由在两类情况下应用同一种记号结合方式。

　　　　　（简言之,弗雷格（在《算术的基本定律》中）关于通过定义引入记号的意见,经过适当的修改,也适用于初始记号的引入。）

5.452　　　在逻辑的符号系统中引入任何一种新的手段都必然是一个重大事件。在逻辑中,一种新的手段不能以所谓漫不经心的态度在括号或者脚注中引入。

（如在罗素和怀特海的《数学原理》中就出现了用文字表达的定义和初始命题。为什么这里忽然出现文字呢？这是需要说明理由的,但是没有提出理由,也必然提不出理由,因为这种程序事实上是非法的。）

但是,如果证明在某处引入一种新的手段是必要的,我们就应立即追问:这种手段在哪些地方是必须用到的？必须弄清楚它在逻辑中的地位。

5.453　　在逻辑中一切数都需要说明理由。

或者不如说,必须弄清楚,逻辑中是没有数的。

不存在特别的数。

5.454　　逻辑中没有并列,也不可能有分类。

逻辑中不可能有普遍和特殊的区分。

5.4541　　逻辑问题的解决必定是简单的,因为它们设立了简单性的标准。

人们一直猜想,必定有一个领域,其中对问题的回答对称地——先天地——结合着而构成一个自足的系统。

这个领域遵从如下规则:简单性是真理的标志。

5.46　　如果我们恰当地引入逻辑记号,那么我们也就同时引入了它们的一切结合——不仅"p∨q",也有"～(p∨～q)"等等——的意义。同时我们也就引入了括号的一切可能结合的效用；因此很清楚,真正一般的初始记号不是"p∨q"、"(∃x)·fx"等等,而是它们的结合的最一般形式。

5.461　　和真实的关系不同,像∨和⊃这种逻辑的伪关系是需要用到括号的,这一点看起来不太重要,事实上却具有重大意义。

的确,对这些表面上的初始记号使用括号,本身即已表明它们不是真正的初始记号。当然没有人会认为,括号具有独立的指谓。

5.4611　　逻辑运算的记号是标点符号。

5.47　　很清楚,关于一切命题的形式,凡是我们事先可以说的,我们必须能够一下子都说出来。

实际上基本命题自身已经包含了全部逻辑运算。因为"fa"与"$(\exists x) \cdot fx \cdot x = a$"所说的完全一样。

凡有组合的地方,就有主目和函项,而有了这些就已经有了全部的逻辑常项。

可以说,唯一的逻辑常项就是一切命题根据它们的本性所彼此共有的东西。

而这就是一般的命题形式。

5.471　　一般的命题形式是命题的本质。

5.4711　　给出命题的本质,意味着给出一切描述的本质,也即给出世界的本质。

5.472　　描述最一般的命题形式,就是描述逻辑中那个唯一的一般的初始记号。

5.473　　逻辑必须照顾自己。

如果一个记号是可能的,它就应该能起标示作用。凡在逻辑中为可能的都是容许的。("苏格拉底是同一的"之所以不意指什么,是因为没有称为"同一的"这种属性。这个命题所以无意义,是因为我们无法作出一种任意的规定来,而不是因为这符号本身是不容许的。)

在一定的意义上,我们不可能在逻辑上犯错误。

5.4731　由于语言本身能防止各种逻辑错误,所以罗素多次说到的自明性才会在逻辑中成为多余的。——逻辑之所以是先天的,就在于不可能非逻辑地思考。

5.4732　我们不能给予一个记号以错误的意义。

5.47321　奥卡姆法则当然不是一条随意的规则,也不是一条因其在实践上的成功而获得了证明的规则:它表明,记号语言中非必要的单位不指谓任何东西。

满足一个目的的记号逻辑上是等价的;不满足任何目的的记号逻辑上是无指谓的。

5.4733　弗雷格说:每一个合法则地构造的命题都应当具有意义;而我说:每一个可能的命题都是合法则地构造的,而且,如果它没有意义,那只能是因为我们未能给予它的某些组成部分以指谓。

(尽管我们认为自己已经这样做了。)

因此,"苏格拉底是同一的"之所以什么也没有说,是由于我们没有给予"同一的"这个词以任何形容词的指谓。而当它作为同一性记号出现时,它是以完全不同的方式——另外一种标示关系——来标示的,因而在这两种情况下的符号也是完全不同的:这两个符号不过偶然地具有共同的记号。

5.474　必要的基本运算的数目唯一地取决于我们的记号

系统。

5.475　　这只是构造一个具有一定度数,即一定的数学多样性的记号系统的问题。

5.476　　很清楚,这里涉及的不是必须给以标示的一定数目的初始概念,而是一项规则的表达式。

5.5　　每一个真值函项都是连续应用运算"(……W)(ξ,……)"于基本命题的结果。

这个运算否定右边一对括号里的全部命题,我称之为这些命题的否定。

5.501　　一个以命题作为项的括号表达式,如果括号里各项的次序是无关紧要的,我就用一个"(ξ̄)"形式的记号来表示。"ξ"是一个变项,它的值是括号表达式的各个项。变项上画的横线表示,它代表括号里变项所有的值。

(例如,若ξ有三个值P、Q、R,则(ξ̄)=(P,Q,R)。)变项的值是规定了的。

这规定就是对变项所代表的命题的描述。

括号表达式中各项的描述是怎样产生的,这一点无关紧要。

我们可以区分三种描述:1.直接列举,这时可以简单地用作为变项取值的常项来代换变项。2.给出一个函项fx,它对所有x值的取值即为要描述的命题。3.给出一个决定命题构成的形式规则,这时括号表达式中的各项就是一个形式系列的所有的项。

5.502　　因此,我写作"N(ξ̄)"以代替"(……W)(ξ,……)"。

N($\bar{\xi}$)是对命题变项 ξ 所有的值的否定。

5.503 显然,我们不难表达:命题如何可以用此运算来构成和如何不可以用它来构成;故而为此必可找到一个精确的表达式。

5.51 如果 ξ 只有一个值,则 N($\bar{\xi}$)＝～p(非 p);如果它有两个值,则 N($\bar{\xi}$)＝～p·～q(既非 p 也非 q)。

5.511 包容一切而反映着世界的逻辑之所以能够运用这种特别的钩子和装置,是因为它们全都彼此结合着成为一张无比精细的网——一面巨大的镜子。

5.512 若"p"为假,则"～p"为真。因而,在真命题"～p"中,"p"是一个假命题。那么波线"～"怎样能使"p"与实在相符合呢?

但是在"～p"中起否定作用的并不是"～",而是这个记号系统中所有否定 p 的记号共有的东西。

也就是说,是构成"～p"、"～～～p"、"～p ∨ ～p"、"～p·～p"等等(以至无穷)所遵循的共同规则,这一共同的因素反映着否定。

5.513 可以说,肯定 p 和 q 两者的一切符号所共同的东西,就是命题"p·q";而肯定 p 或者 q 的一切符号所共同的东西,就是命题"p ∨ q"。

同样可以说,两个命题如果彼此之间没有任何共同的东西,它们就是互相反对的,而且每个命题只有一个否定,因为只有一个命题完全在它之外。

因此在罗素的记号系统中也同样表明,"q：p ∨ ～

p"和"q"说的是一回事情,"p∨~p"则什么也没有说。

5.514　　　　一个记号系统一旦建立起来,其中就有一条用以构造一切否定 p 的命题的规则,一条用以构造一切肯定 p 的命题的规则,一条用以构造一切肯定 p 或 q 的命题的规则,等等。这些规则等价于一些符号,它们的意义就反映在符号之中。

5.515　　　　在我们的符号中必须表明,只有命题才能相互之间用"∨"、"·"等等结合起来。

　　　　　　情况的确如此,因为"p"和"q"的符号本身已假定了"∨"、"~"等等。如果在"p∨q"中记号"p"不代表一个复合记号,那么它自身单独地就不能有意义;而在这种情况下,和"p"具有相同意义的记号"p∨p"、"p·p"等等也就不能有意义。而如果"p∨p"没有意义,"p∨q"也就不可能有任何意义。

5.5151　　　一个否定命题的记号必须要用肯定命题的记号来构成吗?为什么不能用一个否定的事实来表达一个否定命题呢?(例如,设"a"不处在对"b"的一定关系之中,就可以说为:aRb 不是实情。)

　　　　　　但是即使在这里,否定命题其实也是间接地用肯定命题来构成的。

　　　　　　肯定命题必须以否定命题的存在为前提,反之亦然。

5.52　　　　若 ξ 的值是函项 fx 对于所有 x 值的全部取值,则 $N(\bar{\xi}) = \sim(\exists x) \cdot fx$。

5.521　　　　我把所有这个概念同真值函项分离开来。

弗雷格和罗素是联系逻辑积或逻辑和而引入概括的。这样就难以理解隐含着这两个概念的命题"(∃x)·fx"和"(x)·fx"。

5.522　　概括记号的特点在于，第一，它指示一个逻辑原型；第二，它突出了常项。

5.523　　概括记号是以主目的身份出现的。

5.524　　如果给出了一些对象，那么同时也就给出了所有对象。

如果给出了一些基本命题，那么同时也就给出了所有基本命题。

5.525　　像罗素那样将命题"(∃x)·fx"译述为"fx 是可能的"，是不正确的。

一种情况的必然、可能或者不可能，不是用命题来表达，而是由表达式是一个重言式、一个有意义的命题或者一个矛盾式来表达。

我们常常要援引的惯例必须已经存在于符号本身之中。

5.526　　我们可以用完全概括的命题，即不必首先把每个名称对应于一个特定的对象，来完全地描述世界。

然后，为了达到习惯的表达方式，我们只需在"有一个而且只有一个 x，使得……"这个表达式后面加上一句话："而且 x 是 a"。

5.5261　　一个完全概括的命题，像每个其他命题一样，是组合的。（这一点为我们在"(∃x, φ)·φx"中必须分开地提及"ϕ"和"x"这一事实所表明。两者都独立地处在对世界的标示关系中,就像非概括命题的情形一样。)

组合符号的标志是:它和别的符号有某种共同的东西。

5.5262　每一个命题的真或假都在世界的一般构造中引起某种改变。而且基本命题的总体为世界的构造所留下的可能范围,正好就是所有的概括命题所界定的范围。

(如果有一个基本命题为真,那就意味着无论如何有多于一个的基本命题为真。)

5.53　我用记号的同一,而不是用等号,来表达对象的同一。对象的不同则用记号的不同来表达。

5.5301　显然,同一不是对象之间的一种关系。例如,只要考察一下"(x):fx·⊃·x=a"这个命题,这一点就很清楚了。这个命题只是说,只有 a 满足函项 f,而不是说,只有对 a 具有一定关系者满足函项 f。

当然,也可以说,只有 a 才对 a 具有这种关系;但是为了表达这点,就需要同一记号本身。

5.5302　罗素的"＝"的定义是不充分的,因为我们不能根据它说两个对象共有它们的一切属性。(即使这个命题绝非正确的,它也仍然具有意义。)

5.5303　大致说来:说两个东西是同一的,这是无意义的,而说一个东西和它自身同一,就是根本什么也没有说。

5.531　因此我不写"f(a,b)·a＝b",而写"f(a,a)"(或者"f(b,b)")。不写"f(a,b)·∼a＝b",而写"f(a,b)"。

5.532 以此类推:我不写"$(\exists x,y) \cdot f(x,y) \cdot x=y$",而写"$(\exists x) \cdot f(x,x)$";不写"$(\exists x,y) \cdot f(x,y) \cdot \sim x=y$",而写"$(\exists x,y) \cdot f(x,y)$"。

(这样,罗素的"$(\exists x,y) \cdot fxy$"就成为:"$(\exists x,y) \cdot f(x,y) \cdot \vee \cdot (\exists x) \cdot f(x,x)$"。)

5.5321 因此,例如,我们不写"$(x):fx \supset x=a$",而写"$(\exists x) \cdot fx \supset \cdot fa: \sim (\exists x,y) \cdot fx \cdot fy$"。

因而,命题"只有一个 x 满足 f( )"将读作"$(\exists x) \cdot fx: \sim (\exists x,y) \cdot fx \cdot fy$"。

5.533 所以,同一记号不是概念记号系统的必要组成部分。

5.534 现在我们看到,在一个正确的概念记号系统中,像"$a=a$","$a=b \cdot b=c \cdot \supset a=c$","$(x) \cdot x=x$","$(\exists x) \cdot x=a$"等等伪似命题是根本不能写的。

5.535 这也就消解了所有和这类伪似命题联系在一起的问题。

至此,罗素的"无穷公理"所带来的一切问题都已获致解决。

无穷公理所要说的,可以通过存在无限多个具有不同指谓的名称,在语言中自行表达出来。

5.5351 在某些情形下,人们情不自禁地要使用"$a=a$"或者"$p \supset p$"之类形式的表达式。当人们想要谈论原型,即命题、事物等等时,就出现这种情形。所以,在罗素的《数学原则》中,"p 是命题"——这是无意义的——被翻译为符号"$p \supset p$",而且把它作为假设置于某些命题前面,以保证处在这些命题主目位置上的只能是命题。

（把假设 p⊃p 置于一个命题前面，以保证它的主目具有正确形式，这是无意义的，因为对于以非命题为主目这个假设不是假的而是无意义的，而且因为错误种类的主目也使得这个命题本身成为无意义的，所以在防止错误的主目这一点上，命题本身和为此目的而附加的无意义的假设是同样地有用，或者说，是同样地无用。）

5.5352　同样地人们想用"∼(∃x)·x＝x"来表达"没有事物"。但是，即使这是一个命题，如果确实"有一些事物"，但这些事物与自身不是同一的，这个命题不也同样为真吗？

5.54　　在一般的命题形式中，命题只是作为真值运算基础而出现于别的命题之中。

5.541　　初看起来，一个命题也可能以别种方式在另一个命题中出现。

特别是在某些心理学的命题形式中，如"A 相信 p 是真的"，或者"A 思考 p"等等。

这里如果只是肤浅地考察，就好像命题 p 同对象 A 处在某种关系之中。

（在当今的知识论中（罗素、摩尔等），正是这样来理解这些命题的。）

5.542　　但是很清楚，"A 相信 p"，"A 思考 p"，"A 说 p"都是"'p'说 p"的形式；这里涉及的不是一个事实和一个对象的相关，而是借助于其对象相关的诸事实的相关。

5.5421　　这也表明,没有像当今肤浅的心理学中所设想的心灵——主体等等——这类东西。

的确,一个组合的心灵就已经不再是心灵了。

5.5422　　对命题形式"A 判断 p"的正确解释必须表明:使判断成为一种无意义是不可能的。(罗素的理论不满足这个条件。)

5.5423　　感知一个复合物的意思就是感知到它的各组成部分以如此这般的方式互相关联着。

这也能很好地解释,为何有两种可能的方式把如下图形

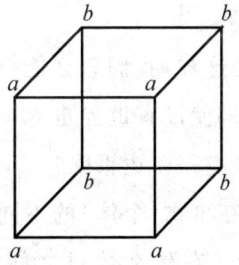

看成为立方体;以及所有类似的现象。因为我们确实看到两个不同的事实。

(如果我先看定诸 a 角,对诸 b 角只是瞥及,于是诸 a 角显得在前;反之则诸 b 角显得在前。)

5.55　　现在我们必须先天地回答关于基本命题的一切可能形式的问题。

基本命题由名称组成。可是我们既然不能给出具有

不同指谓的名称的数目,我们也就不能给出基本命题的组成。

5.551　　我们的基本原则是:凡一般地可以由逻辑决定的问题,必须能够当即决定。

(如果我们处在必须通过观察世界来回答这类问题的境地,那就表明我们已经陷入了完全错误的思路。)

5.552　　我们为了理解逻辑所需要的"经验",不是某物是如何如何的,而是某物存在:但这恰恰不是经验。

逻辑先于任何经验——某物是如此这般的。

逻辑先于关于"如何"的问题,而不先于关于"什么"的问题。

5.5521　　如果不是这样,我们怎么能够应用逻辑呢?也可以这样说:假如即使没有世界也有一个逻辑,那么,为何有了一个世界就有一个逻辑呢?

5.553　　罗素说,在事物(个体)的不同数目之间存在着简单的关系。但是,在什么数目之间?又如何断定这种关系?——依靠经验吗?

(没有地位特殊的数。)

5.554　　任何特殊形式的提出都是完全任意的。

5.5541　　例如,我能否处于一种需要 27 位关系的记号来标示某种事物的状况,应该可以先天地回答这个问题。

5.5542　　但是,我们真的可以这样来提问吗?我们能够建立一种记号形式而不知道是否有任何东西与之对应吗?

能否有意义地提问:为有某事发生,必须存在什么东西？

5.555 显然，关于基本命题，我们具有某种与其特定的逻辑形式无关的概念。

但是，当有一个系统使我们得以建造符号时，那么这个系统，而非单个的符号，才是逻辑上重要的东西。

不管在逻辑中我是否要处理我所创造的形式，我都必须处理那使我能够创造这些形式的东西。

5.556 不可能有基本命题形式的等级系列。我们只能预见我们自己构造的东西。

5.5561 经验的实在受到对象总体的限制。这种限制也在基本命题的总体中表现出来。

等级系列是独立于实在的，而且必须独立于实在。

5.5562 如果我们根据纯粹逻辑的理由知道必须有基本命题，那么，凡是理解具有未分析形式的命题的人也必定知道这一点。

5.5563 事实上，我们日常语言中的所有命题，正如它们本来的那样，在逻辑上是完全有条理的。——我们必须在这里提及的最简单的东西，不是类似于真，而是完整的真本身。

（我们的问题不是抽象的，而且也许是所有问题中最为具体的。）

5.557 逻辑的应用决定有什么样的基本命题。

逻辑不能预期属于其应用的东西。

显然，逻辑不能与其应用冲突。

但是逻辑必须同其应用接触。

因此,逻辑不能和其应用互相重叠。

5.5571 如果我不能先天地举出有一些什么基本命题,那么要举出它们就必定会导致明显的无意义。

5.6 我的语言的界限意味我的世界的界限。

5.61 逻辑充满世界:世界的界限也就是逻辑的界限。

所以在逻辑上我们不能说:世界上有这个和这个,而没有那个。

因为这看来就假定了我们会排除某些可能性,而这是不可能的事情,不然逻辑就必须超出世界的界限;因为只有超出世界的界限它才也能从另外一边来察看这些界限。

我们不能思考我们所不能思考的东西;因此我们也不能说我们所不能思考的东西。

5.62 这一段话为解决唯我论中有多少真理的问题提供了钥匙。

唯我论者意味的东西是完全正确的,不过它不能说,而只能自己显示出来。

世界是我的世界:这表现在语言(我所唯一理解的语言)的界限就意味我的世界的界限。

5.621 世界和人生是一回事。

5.63 我是我的世界。(小宇宙。)

5.631 没有思考着或想象着的主体这种东西。

如果我写一本书叫作《我所发现的世界》,我也应该在其中报道我的身体,并且说明哪些部分服从我的意志,哪些部分不服从我的意志,等等。这是一种孤立主体的方法,或者不如说,是在一种重要意义上表明并没有主体的方法;因为在这本书里唯独不能谈到的就是主体。——

5.632　　主体不属于世界,然而它是世界的一个界限。

5.633　　在世界上哪里可以找到一个形而上主体呢?

你会说这就正好像眼睛和视域的情形一样。但是事实上你看不见眼睛。

而且在视野里没有任何东西使得你能推论出那是被一只眼睛看到的。

5.6331　　视域肯定不具有如图这样的形式:

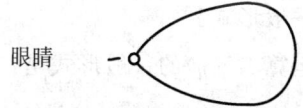

5.634　　与此有联系的一点是,我们的经验中也没有一部分同时是先天的。

我们看到的一切也可能是别种样子。

我们通常能够描述的一切也可能是别种样子。

没有先天的事物秩序。

5.64　　这里可以看到,严格贯彻的唯我论与纯粹的实在论是一致的。唯我论的自我收缩为无广延的点,保留的是与它相关的实在。

5.641　　因此,确实有一种意义使哲学可以用非心理学的方式来谈论自我。

由于"世界是我的世界"而使自我进入哲学之中。

哲学上的自我并不是人,也不是人的身体或者心理学所考察的人的心灵,而是形而上主体,是世界的界限——而不是它的一个部分。

6　　　　　真值函项的一般形式是:
$$[\bar{p}, \bar{\xi}, N(\bar{\xi})]$$
这也是命题的一般形式。

6.001　　它只是说明:每个命题都是连续应用运算 $N(\bar{\xi})$ 于基本命题的结果。

6.002　　如果有了怎样构成一个命题的一般形式,那么也就随之有了怎样通过一个运算可以从一个命题产生出另一个命题的一般形式。

6.01　　因此运算 $\Omega'(\bar{\eta})$ 的一般形式是:
$$[\bar{\xi}, N(\bar{\xi})]'(\bar{\eta}) \ (=[\bar{\eta}, \bar{\xi}, N(\bar{\xi})])。$$
这是由一个命题过渡到另一个命题的最一般的形式。

6.02　　由此我们就达到了数。我给出如下定义:
$$x = \Omega^{0}{}'x \ \text{Def.}$$
并且　　　　$\Omega'\Omega^{\nu}{}'x = \Omega^{\nu+1}{}'x \ \text{Def.}$

这样,根据这些记号规则我把系列
$$x, \Omega'x, \Omega'\Omega'x, \Omega'\Omega'\Omega'x, \cdots\cdots$$
写作:
$$\Omega^{0}{}'x, \Omega^{0+1}{}'x, \Omega^{0+1+1}{}'x, \Omega^{0+1+1+1}{}'x, \cdots\cdots$$

因此,我不写作"$[x, \xi, \Omega'\xi]$",而写作:

$$"[\Omega^{0\prime}x, \Omega^{\nu\prime}x, \Omega^{\nu+1\prime}x]"$$

而且我给出如下定义:

$$0+1=1 \quad \text{Def.}$$
$$0+1+1=2 \quad \text{Def.}$$
$$0+1+1+1=3 \quad \text{Def.}$$

(以及依次类推)

6.021   数是一个运算的阶次。

6.022   数的概念不过是一切数所共有的东西,即数的一般形式。

数的概念是变数。

数相等的概念就是一切特定的数相等情形的一般形式。

6.03   整数的一般形式是: $[0, \bar{\xi}, \bar{\xi}+1]$。

6.031   类的理论在数学中完全是多余的。

与此相关联的一点是:数学中所需要的概括,不是偶然的概括。

6.1   逻辑命题是重言式。

6.11   因此,逻辑命题什么也没有说。(它们是分析命题。)

6.111   凡是使一个逻辑命题显得像是具有内容的理论都是假的。例如,人们也许认为,词"真"和"假"标示着和其他属性一起的两种属性,于是,每个命题都具有这两种属性之一,看起来就是一个很奇怪的事实。按照这种理论,这个事实看起来绝不是自明的,正如命题"所有玫瑰花不是黄的就是红的"一样,即使它为真,也不是自明的。的确,这使得逻辑命题获得了自然科学命题的全部特征，而这也就肯定地标志着逻辑命题遭到了误解。

6.112　要正确地说明逻辑命题，就必须在所有命题中给与它们以独特的地位。

6.113　逻辑命题的特有标志是，仅仅从符号人们就能认出它们为真，这个事实包含着全部的逻辑哲学。

因此，一个同样也是非常重要的事实是：非逻辑命题的真或假不能单从命题本身看出来。

6.12　逻辑命题是重言式，这显示语言和世界的形式的——逻辑的——属性。

命题成分以这种特定方式联结起来构成重言式，这就表明了这些命题成分的逻辑特征。

如果一些命题以一定方式联结起来构成重言式，那么它们必定具有一定的结构性质。所以，当它们以这种方式结合起来而构成重言式时，就表明它们具有这些结构性质。

6.1201　例如，命题"p"和"～p"在结合"～(p・～p)"中构成一个重言式，这就表明它们是互相矛盾的。命题"p⊃q"、"p"、"q"在形式"(p⊃q)・(p)：⊃：(q)"中互相结合起来构成一个重言式，这就表明 q 从 p 并且 p⊃q 得出来。"(x)・fx：⊃：fa"是一个重言式，就表明 fa 从(x)・fx 得出来，等等。

6.1202　很清楚，用矛盾式取代重言式也能达到同样的目的。

6.1203　为了看出一个表达式是重言式，在其中没有概括记号出现的情形下,可以应用如下的直观方法:我将"p"、"q"、"r"等等,写为"WpF"、"WqF"、"WrF"等等。用括号来表达真值组合,如:

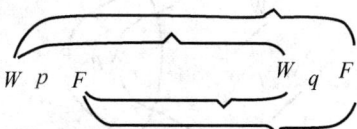

并且用线段表示整个命题的真或假与其真值主目的真值组合之间的相关,方式如下:

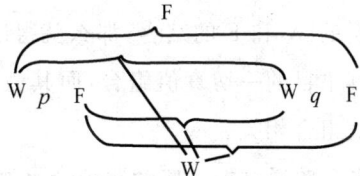

这样,如上述这个记号就表述命题 p⊃q。现在我想以举例的方式来考察一下命题~(p·~p)(矛盾律),看它是否为重言式。在我们的记号法中,形式"~ξ"写为:

形式"ξ̄·η"则写为:

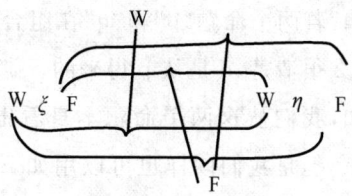

因而,命题~(p·~q)就表为：

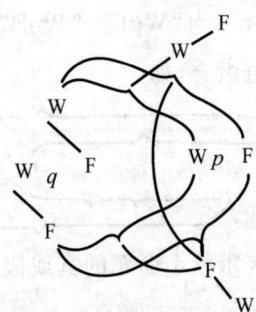

如果在这里我们用"p"代换"q",并考察最外层的 W 和 F 与最里层的 W 和 F 的结合,那么就得出,整个命题的真相关于其主目的一切真值组合,而其假则不与其主目的任何真值组合相关。

6.121　　逻辑命题通过把一些命题结合成为什么也没有说的命题而展现这些命题的逻辑性质。

　　　　这种方法也可称为置零法。在逻辑命题中各命题之间达到平衡,而这种平衡状态则指明这些命题在逻辑上必须怎样构成。

6.122　　由此得出,不用逻辑命题也行；因为在一个合适的记号系统中,我们只需仔细考察命题本身就能看出命题的形式属性。

6.1221　　例如,若两个命题"p"和"q"在组合"p⊃q"中构成重言式,那么很清楚,q 是从 p 得来的。

　　　　例如,我们从这两个命题本身看出："q"从"p⊃q·p"得出来,但是我们同样也可以用如下方式来表明这一点：我们将其结合为形式"p⊃q·p:⊃:q",并且表明这是一个重言式。

6.1222　这就颇有启发地说明,为何逻辑命题不可被经验确证,就像它不可被经验驳倒一样。一个逻辑命题不仅必须不被任何可能的经验驳倒,它也必须不被任何可能的经验确证。

6.1223　现在清楚了,为什么人们常觉得好像我们要"设立""逻辑真理"。道理就在于,我们可以要求设立逻辑真理,就如我们可以要求设立一种合适的记号系统一样。

6.1224　现在也清楚了,逻辑为何被称为形式和推论的理论。

6.123　很清楚,逻辑规律不能反过来又遵从逻辑规律。

（并不像罗素所认为的,每个"类型"都有一个特殊的矛盾律；一个规律就够了,因为它不应用于自身。）

6.1231　逻辑命题的特征不是普遍有效性。普遍不过意味着偶然地适合于一切事物。非概括命题和概括命题一样,也可以是重言式的。

6.1232　逻辑的普遍有效性同"凡人皆有死"这类命题的偶然的普遍有效性相对比,可以称为本质的普遍有效性。如罗素的"可归约性公理"这类命题不是逻辑命题,这就说明了我们的这种感觉：即使这些命题为真,也只能是一件碰巧的偶然事情。

6.1233　可能设想一个世界,其中可归约性公理是无效的。因此很清楚,我们的世界实际上是否也像这样的,这个问题同逻辑毫无关系。

6.124　逻辑命题描述世界的脚手架。或者不如说,它们展示世界的脚手架。它们不"论及"什么。它们假定名称具有指谓。基本命题具有意义,这就是它们同世界的联系。显然,符号——它们本质上具有确定的特性——的一定结合是重言式,这种情况必定指示着关于世界的某种东西。这是关键所在。我们说过,在我们使用的符号中,有些东西是随意的,有些东西则不是随意的。逻辑中只表达后者,这就意味着,逻辑领域不是我们借助记号来自由表达的地方,而是绝对必要的记号自身表现其本性的地方。如果我们知道任何一种记号语言的逻辑句法,那么也就有了所有的逻辑命题。

6.125　　即使按照旧逻辑的观点,事先描述所有的"真"逻辑命题,也是可能的。

6.1251　　因而在逻辑中绝不可能有出乎意料的东西。

6.126　　通过对符号的逻辑属性的演算,可以演算一个命题是否属于逻辑命题。

当我们"证明"一个逻辑命题时,就是这样做的。因为无须关心意义和指谓,我们只是应用处理记号的规则来从其他命题构造逻辑命题。

逻辑命题的证明过程如下:我们连续应用总是由初始的重言式重又生成重言式的一定运算来从别的逻辑命题产生出待证明的逻辑命题。(而且,事实上从一个重言式只能得出重言式来。)

当然,这种指明逻辑命题是重言式的方法,对于逻辑是完全不重要的,因为作为证明的出发点的那些命题,必定无须任何证明就表明自己是重言式。

6.1261　在逻辑中,中间过程和结果的地位是等同的。(因此没有出乎意料的东西。)

6.1262　逻辑中的证明只是一种使得在复杂的情况下易于辨识重言式的机械的便利方法。

6.1263　如果一个有意义的命题可以逻辑地证明是从一些别的命题得来,一个逻辑命题也是如此的话,那就的确太奇怪了。一开始就很清楚,一个有意义的命题的证明和逻辑中的证明必然是根本不同的两回事情。

6.1264　有意义的命题陈述某件事情,它的证明表明确是如此。在逻辑中每个命题都是一种证明的形式。

每个逻辑命题都是一个用记号表示的 modus ponens①。(而 modus ponens 不能用一个命题来表达。)

6.1265　对逻辑始终可以这样来理解:每个逻辑命题都是它自身的证明。

6.127　所有逻辑命题都是同等地位的:其中并没有本质上为初始命题和本质上为派生命题之分。

每个重言式本身表明它是一个重言式。

6.1271　很清楚,"逻辑的初始命题"的数目是任意的,因为可以从单独一个初始命题,例如,从弗雷格的那些初始命题简单地构成的一个逻辑积,推演出逻辑来。(弗雷格也许会说,这样我们就不再有一个直接自明的初始命题了。

---

①　modus ponens,假言推理的肯定式。——译者

但是一位像弗雷格这样的严谨的思想家竟会援引自明的程度作为逻辑命题的标准,那是很奇怪的。)

6.13 逻辑不是一种学说,而是世界的一个映象。
逻辑是先验的。

6.2   数学是一种逻辑方法。
数学命题是等式,因此都是伪命题。

6.21 数学命题不表达思想。

6.211 在现实生活中我们要得到的并非数学命题;或者说,我们应用数学命题只是为了从一些不属于数学的命题推论出另一些同样也不属于数学的命题。

("我们使用这个词或者这个命题究竟为了什么?"这个问题在哲学中往往导致有价值的领悟。)

6.22 逻辑命题在重言式中显示的世界的逻辑,数学在等式中显示出来。

6.23 如果两个表达式用等号连接起来,这就意味着它们可以彼此代换。但是事实是否如此,两个表达式本身必可显示出来。

两个表达式可以彼此代换,这表明它们的逻辑形式的特征。

6.231 肯定可以看作双重否定,这是肯定的一个性质。
"$1+1+1+1$"可以看作"$(1+1)+(1+1)$",这是"$1+1+1+1$"的一个性质。

6.232 弗雷格说,上述两个表达式有相同的指谓,但是有不同的意义。

但是对于等式来说,具有根本意义的一点是:为了显示用等号连接的两个表达式有相同的指谓,等式并非必要,因为这一点从两个表达式本身即可以看出来。

6.2321　而数学命题证明的可能性,不过意味着数学命题的正确性可以直接察知,而无须将它们表达的东西本身同事实比较以确定其正确性。

6.2322　两个表达式指谓的同一是不能断言的。因为,为了能够断言关于它们指谓的任何东西,我就必须知道它们的指谓,而一旦知道了它们的指谓,也就知道了它们所指的是否相同。

6.2323　等式不过标志我考察两个表达式的角度,即它们的指谓相等的角度。

6.233　在解决数学问题中是否需要直觉,这个问题应该这样回答:这里语言已经提供了必需的直觉。

6.2331　演算过程正好引进了这种直觉。

演算并非试验。

6.234　数学是一种逻辑的方法。

6.2341　数学方法的本质特征在于它是用等式来工作的。正是由于这种方法,每个数学命题本身必须足以表明自己的成立。

6.24　数学用来得到等式的方法是代换法。

因为等式表达两个表达式的可代换性;我们从一定数目的等式出发,按照等式的条件,通过代换不同的表达式而推进到新的等式。

6.241　　　因此,命题 $2\times 2=4$ 的证明进行如下:

$$(\Omega^\nu)^{\mu'}\chi = \Omega^{\nu\times\mu'}\chi \text{ Def.},$$

$$\Omega^{2\times 2'}\chi = (\Omega^2)^{2'}\chi = (\Omega^2)^{1+1'}\chi$$
$$= \Omega^{2'}\Omega^{2'} = \Omega^{1+1'}\Omega^{1+1'}\chi = (\Omega'\Omega)'(\Omega'\Omega)'\chi$$
$$= \Omega'\Omega'\Omega'\Omega'\chi = \Omega^{1+1+1+1'}\chi = \Omega^{4'}\chi.$$

6.3　　　逻辑的探究就是对所有符合规律性的东西的探究。逻辑之外的一切都是偶然的。

6.31　　　所谓的归纳律不可能是一条逻辑规律,因为它显然是一个有意义的命题。——因此它也不可能是一条先天的规律。

6.32　　　因果律不是规律而是一种规律的形式。

6.321　　"因果律"是一个通名。正如在力学中有一些"极小原理",如最小作用律,在物理学中也有一些因果律,即具有因果形式的规律。

6.3211　　的确,人们在精确地知道怎样表述"最小作用律"以前,就已经猜测到应该有一个这样的规律。(在这里,像通常那样,一定的先天的东西被证明是某种纯属逻辑的东西。)

6.33　　　我们并非先天地相信一种守恒律,而是先天地知道一种逻辑形式的可能性。

6.34　　　如充足理由律、自然界的连续性原理和最小耗损原理等等,所有这些命题都是关于科学命题可能的规范形式的先天领悟。

6.341　　例如,牛顿力学给世界的描述提供了一种统一的形式。让我们设想一个上面有着一些不规则黑斑的白色表面。于是我们可以说，不管这些斑块构成一种什么图像，只要用一张足够精细的方格网覆盖住这个表面，然后说出每一个方格是黑的还是白的，我就总是能够使对这个表面的描述达到任意程度的近似。用这个办法我就给这个表面的描述提供了一种统一的形式。这种形式是任意选择的，因为我可以用一张三角形格子或者六角形格子的网来达到同样的效果。也许用三角形格子的网会使描述更为简单：也就是说，用较稀的三角形网格也许比用较密的四方形网格能够更精确地描述这个表面（或者相反），如此等等。不同的网相当于不同的描述世界的系统。力学规定了一种描述世界的形式：它指出，所有描述世界的命题都必须以一定的方式从若干给定的命题——力学公理而得到。这样它就提供了建筑科学大厦的砖块，而且指出：不管你想建筑怎样的大厦，你总得必须使用而且只能使用这些砖块。

（正如借助数字系统我们能够写出任何数目一样，借助力学系统我们也应该能够写出任何物理学命题。）

6.342　　现在我们可以看出逻辑和力学的相对地位。（这张网也可由不止一种形状的网眼组成：例如，我们可以用三角形和六角形两种网眼。）以一种给定形式的网来描述一个如上所述的图像，这一可能性关于这图像本身并无所说。（因为这种可能性对于所有这类图像都是有效的。）但是，这图像能够用具有特定大小网眼的特定的网来完全地描述,这件事确实说明了这图像的特征。

同样,世界可以用牛顿力学来描述,这关于世界并无所说;但是恰如实际上所用的描述世界的这种确定方式,却告诉了我们关于世界的某些东西。用一种力学可以比用另一种力学更为简单地描述世界,也告诉了我们关于世界的某些东西。

6.343 力学是一种按照单一的计划来构造我们描述世界所需的全部真命题的尝试。

6.3431 物理学定律借助其全部的逻辑机制而间接地说及世界的对象。

6.3432 我们不应忘记,力学对世界的描述都是完全一般的描述。例如,它从不提到特定的质点:它只是谈论任何一个不论怎样的质点。

6.35 虽然我们上述图像中的斑块是几何图形,但是几何学显然根本不能谈论它的实际形状和位置。而网是纯粹几何学的,它的全部属性可以先天地给出来。

像充足理由律等等这样的定律,涉及的是网而不是网所描述的东西。

6.36 要是有因果律,也就可以说"有自然律"。不过,这当然不可说,而是自己显露出来的。

6.361 可以用赫兹的话来说:只有遵从规律的联系才是可以思考的。

6.3611 我们不能将一个过程和"时间之流"——不存在这种东西——相比较,而只能将它同另一个过程(如计时器的运行过程)相比较。

因此,我们只有依靠另外一种过程才能描述一段时间的经过。

对于空间也有完全类似的情形。例如,当人们说,两个(相互排斥的)事件中一个也不能发生,因为没有任何东西导致发生一个事件而不发生另一个事件,这实际上是由于,除非有某种不对称,我们就不能描述这两件事当中的一件。而如果有这种不对称,我们就可以认为它是一件事发生而另一件事不发生的原因。

6.36111　康德的关于右手和左手不能使之重合的问题,在平面中就已经存在,甚至也存在于一维空间中:

$$\cdots\text{o}\text{———}\times\cdots\times\text{———}\text{o}\cdots$$
$$\quad\quad\quad\text{a}\quad\quad\quad\quad\text{b}$$

如其中两个全等的图形 a 和 b,除非越出这个空间,就不能使之重合。右手和左手事实上是真正地全等的,人们不能使它们重合与这一事实没有关系。

假如能够在四维空间中旋转,右手套就可以戴到左手上面。

6.362　凡能描述的就能够发生;而为因果律所排除的东西是不可描述的。

6.363　归纳程序的实质在于,我们承认能够同我们的经验协调的最简单的规律为真。

6.3631　但是这种程序只有心理的依据而没有逻辑的依据。

很清楚,相信实际上只会发生最简单的可能事件是没有根据的。

6.36311　太阳会在明天出来是一个假设:这意味着我们不知道它是否会出来。

6.37　由于另外某个事件的发生,一个事件就必定发生,这种强制性是没有的。只有一种逻辑的必然性。

6.371　整个现代的世界观都建立在一种幻觉的基础上,即认为所谓的自然律是自然现象的解释。

6.372　所以,当代人们站在自然律面前,就像古代人们站在神和命运面前一样,把它视为某种神圣不可侵犯的东西。

事实上他们两者都是正确的,也都是错误的:虽然古代人们的观点更为清楚一些,因为他们承认有一个明白的界限,而现代的系统则力求显得似乎一切东西都已经得到解释。

6.373　世界是独立于我的意志的。

6.374　即使我们所希望的一切都会发生,这也只能说是命运的恩赐,因为在意志和世界之间没有保证这一点的逻辑的联系,而假定的物理的联系又不是我们自己所能意愿的东西。

6.375　正如只有逻辑的必然性一样,也只有逻辑的不可能性。

6.3751　例如,在视域的一个位置上同时显现两种颜色是不可能的,而且是逻辑上的不可能,因为它为颜色的逻辑结构所排斥。

让我们设想这种矛盾在物理学中是如何表现的:大

体上是这样的——一个质点不可能同时具有两个速度;也就是说,它不可能同时处在两个位置;也就是说,同一时刻处在不同位置的质点不可能是同一的。

(很清楚,两个基本命题的逻辑积可以既不是重言式也不是矛盾式。说视野中的一个点同时具有两种不同颜色,这个陈述是一个矛盾式。)

6.4　　　　所有命题都是同等价值的。

6.41　　　 世界的意义必定在世界之外。世界中一切事情就如它们之所是而是,如它们之所发生而发生;世界中不存在价值——如果存在价值,那它也会是无价值的。

如果存在任何有价值的价值,那么它必定处在一切发生的和既存的东西之外。因为一切发生的和既存的东西都是偶然的。

使它们成为非偶然的那种东西,不可能在世界之中,因为如果在世界之中,它本身就是偶然的了。

它必定在世界之外。

6.42　　　 所以也不可能有伦理命题。

命题不能表达更高的东西。

6.421　　　很清楚,伦理是不可说的。

伦理是超验的。

(伦理和美学是同一个东西。)

6.422　　　当列出一个"你应该……"形式的伦理规范时,人们首先的一个想法就是:如果我不这样做又怎么样呢?可是很清楚,伦理与通常意义下的奖和惩没有什么关系。

所以关于行为后果的问题必定是不重要的。——至少那些后果不是重大事件。但是这问题的提出必有某种正确的东西。确实应该有某种伦理的奖励和伦理的惩罚,但是这些必须就包含在行动本身之中。

(同样也很清楚,奖励应该是某种愉快的东西,而惩罚应该是某种不愉快的东西。)

6.423　　作为伦理主体的意志是不可说的。

而作为一种现象的意志只有心理学才感兴趣。

6.43　　如果善的意志或恶的意志可以改变世界,那么它只能改变世界的界限,而不能改变事实,即不能改变可以用语言表达的东西。

简言之,其结果必然是世界整个地变成另外的样子。也就是说,世界必定作为整体而消长。

幸福者的世界不同于不幸者的世界。

6.431　　同样地,在死这一点上,世界不是改变,而是终止。

6.4311　　死不是生活里的一件事情:人是没有经历过死的。

如果我们不把永恒性理解为时间的无限延续,而是理解为无时间性,那么此刻活着的人,也就永恒地活着。

人生之为无穷,正如视域之为无限。

6.4312　　不仅人的灵魂在时间上的不灭,或者说它在死后的永存,是没有保证的;而且在任何情形下,这个假定都达不到人们所不断追求的目的。难道由于我的永生就能把一些谜解开吗?这种永恒的人生难道不像我们此刻的人生一样是一个谜吗?时空之中的人生之谜的解答,在于时空之外。

　　　　　（所要解答的肯定不是自然科学的问题。）

6.432　　世界上的事物是怎样的，对于更高者完全无关紧要。上帝不在世上现身。

6.4321　　事实都只算是提出问题，而非问题的解答。

6.44　　世界是怎样的这一点并不神秘，而世界存在着，这一点是神秘的。

6.45　　用永恒观点来观察世界，就是把它看作一个整体——一个有界限的整体。

　　　　　把世界作为一个有限整体的感觉是神秘的。

6.5　　若解答不可说，其问题也就不可说。

　　　　　谜是不存在的。

　　　　　当一个问题可以提出，它也就可能得到解答。

6.51　　怀疑论不是不可反驳的，而是因为它试图在不能提出问题的地方产生怀疑，所以显然是无意义的。

　　　　　因为怀疑只能存在于有一定问题的地方，一定问题只能存在于有一定解答的地方，而解答则只能存在于有某种东西可说的地方。

6.52　　我们觉得，即使一切可能的科学问题都已得到解答，也还完全没有触及到人生问题。当然那时不再有问题留下来，而这也就正是解答。

6.521　　人生问题的解答在于这个问题的消除。

　　　　　（有些人在长期怀疑之后发现他们明白了人生的意义，但是又不能说出来这意义究竟是什么，不就是这个道理吗?)

6.522 确实有不可说的东西。它们显示自己,它们是神秘的东西。

6.53 哲学中正确的方法是:除了可说的东西,即自然科学的命题——也就是与哲学无关的某种东西之外,就不再说什么,而且一旦有人想说某种形而上学的东西时,立刻就向他指明,他没有给他的命题中的某些记号以指谓。虽然有人会不满意这种方法——他不觉得我们是在教他哲学——但是这却是唯一严格正确的方法。

6.54 我的命题应当是以如下方式来起阐明作用的:任何理解我的人,当他用这些命题为梯级而超越了它们时,就会终于认识到它们是无意义的。(可以说,在登上高处之后他必须把梯子扔掉。)

他必须超越这些命题,然后他就会正确看待世界。

7 对于不可说的东西我们必须保持沉默。

索　引

　　译者*力图列出所有比较重要的语词,并对于每一语词,给出其全部出处,或者仅仅省去少数无关紧要的出处。前言中的各段用 p1、p2……标明,各命题则以去掉小数点的数字标示;两个以上的顺号的命题,用两个以连字符接起来的数字标示,如 202—2021。

　　译文**中有时必须用不同的英语词项来翻译同一个德语词项,或者用同一个英语词项来翻译不同的德语词项。索引旨在为德语词汇提供资料性的引导,特别是使读者注意到那些在英语中比在德语中较难清楚表达的观念之间的重要联系,为此,这里采用了多种方法。

　　一、如果一个德语表达式本身比较重要,就将它写在它的英译表达式后面的括号内,如 situation[Sachlage];同样地,当一个英语表达式用来翻译多个德语表达式时,每个德语表达式分别写在标有数字的括号内,并且接着列出用该英语表达式翻译它的那些段落,如 reality 1.[Realität],55561,等等。2.[Wirklichkeit],206,等等。

　　二、有时这样列出的德语表达式在正文中具有两个或更多的英译;在这种情形下,如果非主选的英译是重要的,就将它们列在括号内的德语表达式之后,如 proposition[Satz:law;principle]。

　　以这两种方法收入的多种英译有时以一种简略的方式列出。因为一个德语表达式实际上并不一定如上面例中所示的那样,为列在它前面或后面的英语表达式所翻译,其关系也许更为复杂。如这个德语表达式也许只是英语

---

　　*　译者——指英译者。
　　**　译文——指英译文。

表达式所翻译的短语的一部分,例如 stand in a relation to one another; are related [Sich verhalten; stand, how things; state of things]。

三、用参照词条来提示对概念之间其他重要联系的注意,如 true,参照 correct, right, 和 a priori,参照 advance, in。

在次要词条和参照词条中代字号用~标记,但代字号含有/的地方除外,在这种情形下,/前面的部分是这样来标记的,例如, accident; ~ al 表示 accident; accidental; 和 state of/affairs;~things 表示 state of affairs; state of things。参照词条与在它之前的紧靠它的词条或标有数字的括号有关。当对于一个词本身和一个包含它的短语都给出参照时,则后者的出现一般地并不算作也是前者的出现,所以两个词条都应该翻阅。

about(关于)[von etwas handeln; concerned with; deal with; subjectmatter(涉及、处理某事物)],324,544,635;参照 mention; speak; talk.

abstract(抽象),55563

accident; ~ al(偶然事件;偶然的)[Zufall],2012,20121,334,54733,6031,61231,61232,63,641

action(行为),51362,6422

activity(活动),4112

addition(加),参照 logical.

adjectiv/e; ~ al(形容词;形容词的),3323,54733

advance, in(事先)[von vornherein],547,6125;参照 a priori.

aesthetics(美学),6421

affirmation(肯定)[Bejahung],4064,5124,51241,544,5513,5514,6231

affix(附标)[Index],40411,502

agreement(符合,一致)
1.[stimmen; right(对); true(真)],5512
2.[Übereinstimmung],221,2222,42,44,442—4431,4462

analysis(分析)[Analyse],3201,325,33442,41274,4221,55562;参照 anatomize; dissect; resolve.

analytic(分析的),611

anatomize(分解)[auseinanderlegen],3261;参照 analysis.

answer(回答),4003,41274,54541,555,5551,65—652

索 引

apparent（表面的），40031，5441，5461；参照 psendo-.

application(应用)[Anwendung：employment（使用）]，3262，35，52521，52523，532，55，55521，5557，6001，6123，6126

a priori（先天），2225，304，305，5133，54541，54731，555，55541，55571，5634，631，63211，633，634，635；参照 advance，in.

arbitrary（任意的），3315，3322，3342，33442，502，5473，547321，5554，6124，61271

argument（主目），3333，4431，502，5251，547，5523，55351；参照 truth-argument.

~-place（主目位置），20131，40411，55351

arithmetic(算术)，44611，5451

arrow(箭头)，3144，4461

articulate（节奏分明的）[artikuliert]，3141，3251

~ d（组织起来的）[gegliedert]，4032

ascribe（声称）[aussagen：speak（说）；state（陈述）；statement（陈述）；tell(告诉)]，41241

assert(断言，肯定)
1. [behaupten]，4122，421，62322

2. [zusprechen]，4124

asymmetry(不对称)，63611

axiom(公理)，6341

~of infinity(无穷公理)，5535

~of reducibility(可归约性公理)，61232，61233

bad(恶的)，643

basis（基础），521，522，5234，524，525，5251，5442，554

beautiful(美的)，4003

belief（相信），51361，51363，5541，5542，633，63631

bound(围起)，~ary(界限)[Grenze：delimit（分界）；limit（限定）]，4112，4463

brackets(括号)，4441，546，5461

build（建筑）[Bau：construction（构造）]，6341

calculation(演算)，6126，62331

cardinal(基数)，参照 number.

case，be the(发生的事情)
1. [der Fall sein]，1，112，121，2，2024，3342，4024，51362，55151，5541，55542，623

2. [So-Sein]，641

causality（因果性），5136—51362,

632,6321,636,63611,6362；参照 law.

certainty(确定)[Gewiβheit],4464,5152,5156,5525,63211

chain(链条),203；参照 concatenation.

clarification(阐明),4112

class(类)[Klasse：set(集)],3311,3315,41272,6031

clear（清楚）,p2,3251,4112,4115,4116

make～(弄清楚)[erklären：definition（定义）；explanation（解释）],5452

colour(颜色),20131,20232,20251,2171,4123,63751

～-space(颜色空间),20131

combination(组合,结合)

1. [Kombination],427,428,546；参照 rule, combinatory; truth～.

2. [Verbindung：connexion（结合）],201,20121,40311,4221,4466,44661,5131,5451,5515,612,61201,6121,61221,6124,623,6232；参照 sign.

common(共同,共有),2022,216,217,218,22,331,3311,3317,3321,3322,3333,3341,33411,3343—33441,4014,412,511,

5143,5152,524,547,54733,5512,5513,55261,6022

comparison(比较),2223,305,405,62321,63611

complete(完全)

1. [vollkommen：fully（完全地）],5156

2. [vollständig],5156

analyse～ly(完全分析),3201,325

describe～ly(完全描述),20201,4023,426,5526,6342

complex（复合,复合物),20201,31432,324,33442,41272,42211,4441,5515,55423

composite（复合,组合)[Zusammengesetzt],2021,3143,31431,33411,4032,42211,547,55261,55421,555

compulsion(强制),637

concatenation（连接),422；参照 chain.

concept(概念)[Begriff：primitive idea(初始观念)],4063,4126—41274,4431,52523,5521,5555,6022；参照 formal～；pseudo-～.

～ual notation(概念记号系统)[Begriffsschrift],3325,41272,41273,4431,5533,5534

～-word(概念词),41272

concerned with（涉及）[von etwas handeln；about（关于）；deal with(有关)],4011,4122
concrete(具体的),55563
condition(条件),441,4461,4462;参照 truth-~.
configuration(配置),20231,20271,20272,321
connexion(联系,联结)
  1. [Verbendung；combination(结合)],6124,6232
  2. [Zusammenhang；nexus（联系)],20122,2032,215,403,51311,51362,6361,6374
consequences(后果),6422
conservation(守恒),参照 law.
constant(常项),3312,3313,4126,41271,5501,5522;参照 logical~.
constituent(组成部分)[Bestandteil],2011,20201,324,3315,34,4024,4025,54733,5533,55423,612
construct（构造）[bilden],451,54733,5475,5501,5503,5512,5514,55151,6126,61271
construction(构造)
  1. [Bau；build（建造)],4002,4014,545,55262,6002
  2. [Konstruktion],4023,45,5233,5556,6343
contain（包含)[enthalten],2014,2203,302,313,324,3332,3333,5121,5122,544,547
content(内容)
  1. [Gehalt],6111
  2. [Inhalt],2025,313,331
continuity(连续性),参照 law.
contradiction(矛盾)
  1. [Kontradiktion],446—44661,5101,5143,5152,5525,61202,63751
  2. [Widerspruch],3032,41211,4211,51241,61201,63751;参照 law of~.
convention(约定,默契)
  1. [Abmachung],4002
  2. [Übereinkunft],3315,502
co-ordinate（坐标),3032,341,342,564
copula(系词),3323
correct(正确)[richtig],217,2173,218,221,304,55302,562,62321;参照 incorrect；true.
correlate(相关)[zuordnen],21514,21515,443,444,5526,5542,61203
correspond(相对应)[entsprechen],213,32,321,3315,40621,4063,428,4441,4466,55542
creation(创造),3031,5123

critique of language(语言批判),40031

cube(立方体),55423

Darwin(达尔文),41122

deal with(涉及)[von etwas handeln; about(关于); concerned with(涉及)],20121

death(死),6431—64312

deduce(推演)[folgern],5132—5134;参照 infer.

definition(定义)
1. [Definition],324,326—3262,3343,4241,542,5451,5452,55302,602
2. [Erklärung: clear, make(弄清楚); explanation(解释)],5154

delimit(分界)[begrenzen; bound(边界); limit(界限)],55262

depiction(图示)[Abbildung; form, logico-pictorial(逻辑图示形式); form, pictorial(图示形式); pictorial(图示的)],216—2172,218,219,22,2201,4013,4014,4015,4016,4041

derive(推得)[ableiten],40141,4243,6127,61271;参照 infer.

description(描述)[Beschreibung],20201,202331,3144,324,3317,333,4016,4023,40641,426,45,502,5156,54711,5472,5501,5634,6124,6125,6342,635,63611,6362

～ of the world(世界的描述)[Weltb.],6341,6343,63432

designate(指示,标示)[bezeichnen; sign(记号); signify(标记)],4063

determin/ate(确定)[bestimmt],2031,2032,214,215,314,323,3251,4466,6124;参照 indeterminateness; undetermined.

～e(确定,决定),111,112,20231,205,3327,34,342,4063,40641,4431,4463

difference(差别,不同)[Verschiedenheit],20233,5135,553,6232,63751

display(显示,展示)[aufweisen],2172,4121;参照 show.

dissect(分解)[zergliedern],326;参照 analysis.

doctrine(学说)[Lehre; theory(理论)],4112,613

doubt(怀疑),651,6521

dualism(二元论),4128

duration(延续),64311

dynamical model(动力学模型),404

effort, least(最小耗费),参照 law.

element（要素），213—214，215，
 2151，21514，21515，314，32，
 3201，324，342
 ～ary proposition（基本命题）[Elementarsatz]，421—4221，
  423，424，4243—426，428—
  442，4431，445，446，451，
  452，5，501，5101，5134，
  5152，5234，53532，541，547，
  55，5524，55262，555，5555—
  55571，6001，6124，63751
elucidation（阐释）[Erläuterung]，
 3263，4112，654
empirical（经验的），55561
employment（应用）
 1.[Anwendung：application（利用）]，3202，3323，5452
 2.[Verwendung：use（用）]，3327
enumeration（列举），5501
equal value,of（等值）[gleichwertig]，64
equality/，numerical（数的相等）
 [Zahlengleichheit]，6022
sign of～（等号）[Gleichheitszeichen；identity,sign for（同一的记号）]，
  623，6232
equation（等式）[Gleichung]，4241，
 62，622，6232，62323，62341，624
equivalent（等价），参照 meaning，～
 in（指谓等价）。[äquivalent]，
 5232，52523，547321，5514，61261

essence（本质）[Wesen]，2011，3143，
 31431，331，3317，334—33421，
 4013，4016，4027，403，4112，
 41121，4465，44661，45，53，
 5471，54711，5501，5533，61232，
 6124，6126，6127，6232，62341
eternity（永恒），64311，64312；参照
 sub specie aeterni.
ethics（伦理学），642—6423
everyday language（日常语言）[Umgangssprache]，3323，4002，55563
existence（存在）
 1.[Bestehen：hold（保持）；subsist
  （实存）]，2，20121，204—
  206，2062，211，2201，41，
  4122，4124，4125，42，421，
  425，427，43，5131，5135
 2.[Existenz]，3032，324，3323，
  34，3411，41274，55151
experience（经验）[Erfahrung]，
 5552，5553，5634，61222，6363
explanation（解释）[Erklärung：
 clear，make（弄清楚）；definition
 （定义）]，3263，402，4021，
 4026，4431，55422，6371，6372
exponent（阶次），6021
expression（表达式）[Ausdruck：say
 （说）]，p3，31，312，313，3142，
 31431，32，324，3251，3262，
 331—3314，3318，3323，333，

334,3341,33441,4002,4013,
403,40411,4121,4124,4125,
4126,41272,41273,4241,44,
443,4431,4441,4442,45,
5131,522,524,5242,531,
5476,5503,55151,5525,553,
55301,5535,55352,6124,
61264,621,623,6232—
62323,624

mode of～(表达方式)[Ausdruck-
sweise],4015,521,5526

external(外在的,外部的),201231,
20233,4023,4122,41251

fact(事实)[Tatsache],11—12,2,
20121,2034,206,21,2141,
216,3,314,3142,3143,4016,
40312,4061,4063,4122,
41221,41272,42211,4463,
5156,543,55151,5542,55423,
62321,643,64321；参照 nega-
tive～.

fairy tale(童话),4014

false(假的)[falsch：incorrect(错
的)],20212,221,222,2222—
2224,324,4003,4023,406—
4063,425,426,428,431,441,
4431,446,5512,55262,55351,
6111,6113,61203；参照 wrong.

fate(命运),6372,6374

feature（特征）[Zug],334,
41221,4126

feeling(感觉),41213,61232,645

finite(有限),532

follow(推出,得出),41211,452,
511—5132,51363—5142,5152,
543,61201,61221,6126

foresee(预见),45,5556

form(形式)[Form],20122,20141,
2022—2023,2025—2026,2033,
218,313,331,3312,3333,4002,
40031,4012,4063,41241,41271,
4241,4242,45,5131,5156,5231,
524,5241,52522,5451,546,547,
5501,55351,5542,55422,555,
5554,55542,5555,5556,56331,
6,6002,601,6022,603,61201,
61203,61224,61264,632,634—
6342,635,6422；参照～al; gene-
ral～; propositional～; series
of～s.

logical～(逻辑形式),20233,218,
2181,22,3315,3327,412,
4121,4128,5555,623,633

logieo-pictorial～(逻辑图示形式)
[logische Form der Abbildung],22

pictorial～(图示形式)[Form der
Abbildung：depiction（图示）;
pictorial(图示的)],215,2151,

索　引

217,2172,2181,222
representational～（表现形式）
[Form des Darstellung：present
（表现）；represent（表述）]，
2173,2174
formal(形式的)[formal],4122,5501
　～concept（形式概念），
　　4126—41273
　～property（形式属性），4122，
　　4124，4126，41271，5231，
　　612,6122
　～relation(形式关系)[Relation]，
　　4122,5242
formulate（表述）[angeben：give
　（给）；say(说)],55563
free will(自由意志),51362
Frege(弗雷格)，p6，3143，3318，
　　3325，4063，41272，41273，
　　4431,4442,502,5132,54,542,
　　5451,54733,5521,61271,6232
fully(完全地)[vollkommen：com-
　plete(完全)],～generalized(完
　全概括),5526,55261
function(函项)[Funktion],3318,
　　3333，4126，41272，412721，
　　424，502，52341，525，5251，
　　544,547,5501,552,55301；参
　　照 truth-～.
Fundamental Laws of Arithmetic
　（《算术的基本定律》）

[Grundgesetze der Arithmetik]，
　5451；参照 primitive proposition.
future(将来),51361,51362

general(一般的，总的)[allgemein]，
　　33441，40141，41273，4411，
　　51311，5156，5242，52522，
　　5454，546，5472，5521，55262，
　　6031,61231,63432
　～form(一般形式),3312,41273,
　　45，453，546，547，5471，
　　5472，554，6，6002，601，
　　6022,603
　～ity-sign（概括记号），notation
　　for～ity(概括记号法),324,
　　40411,5522,5523,61203
　～validity（普遍有效性），
　　61231,61232
generalization(概括,一般化)[Ver-
　allgemeinerung]，40411，452，
　5156,5526,55261,61231；参照
　fully.
geometry(几何学)，3032，30321，
　3411,635
give（给）[angeben：formulate（表
　述);say(说)],3317,45,54711,
　555,5554,635
given(给定)[gegeben],20124,342,
　　412721，451，5442，5524，

6002,6124
God(上帝),3031,5123,6372,6432
good(善),4003,643
grammar(语法),参照 logical.

happy(幸福),6374
Hertz(赫兹),404,6361
hierarchy(等级序列),5252,5556,55561
hieroglyphic script(象形文字),4016
higher(更高者),642,6432
hold(保持)[bestehen: existence(存在);obtain(得到);subsist(实存)],4014
how(怎样)[wie],6432,644;参照 stand,~ things.~(what,怎样)(什么),3221,5552
hypothesis(假设),41122,55351,636311

idea(思想,观念),参照 primitive~.
 1. [Gedanke: thought(思想),musical~(音乐思想),4014
 2. [Vorstellung: present(表现);represent(表述)],5631
idealist(唯心主义者),40412
identical(同一的)[identisch],3323,4003,40411,5473,54733,55303,55352,63751;参照

difference.
identity(同一)[Gleichheit],553
 sign for ~(同一记号)[Gleichheitszeichen: equality, sign of(等号)],3323,54733,553,55301,5533;参照 equation.
illogical(非逻辑的)[unlogisch],303,3031,54731
imagine(设想,想象)[sich etwas denken: think(想)],20121,2022,401,61233
immortality(不灭),64312
impossibility(不可能)[Unmöglichkeit],4464,5525,55422,6375,63751
incorrect(错的)
 1. [falsch: false(假的)],217,2173,218
 2. [unrichtig],221
independence(独立)[Selbständigkeit],20122,3261
independent(独立的,无关的)[unabhängig],2024,2061,222,4061,5152,5154,5451,55261,55561,6373
indeterminateness(不确定性)[Unbestimmtheit],324
indicate(指示,表明)
 1. [anzeigen],3322,6121,6124
 2. [auf etwas zeigen: manifest(展现); show(显示)],

202331,4063
individuals(个体),5553
induction(归纳),631,6363
infer(推论)[schließen],2062,4023,
    51311, 5132, 5135, 51361,
    5152,5633,61224,6211;参照
    deduce;derive.
infinite(无限的),20131,42211,
    4463,543,5535,64311
infinity(无言,无限),参照 axiom.
inner(内在的),40141,51311,51362
internal(内在的,内部的),201231,
    324,4014,4023,4122—41252,
    5131,52,521,5231,5232
intuition(直觉)[Anschauung],
    6233,62331
intuitive(直观的)[anschaulich],61203

judgement(判断)[Urteil],
    4063,55422
    ~-stroke(断定号)
    [Urteilstrieh],4442
Julius Caesar(尤利乌斯·恺
    撒),502

Kant(康德),636111
know(知道)
    1.[kennen],20123,201231,
       3263,4021,4243,62322;参
       照 theory of knowledge.
    2.[wissen],305,324,4024,4461,
       51362, 5156, 55562, 63211,
       633,636311
language(语言)[Sprache],p2,p4.
    3032, 3343, 4001—40031,
    4014,40141,4025,4121,4125,
    54731, 5535, 56, 562, 612,
    6233,643;参照 critique of～;
    everyday ～;sign-～.
law(规律,定律,法则)
    1.[Gesetz;minimum-principle(最
       小原理); primitive proposi-
       tion], 3031, 3032, 30321,
       40141, 5501, 6123, 63—
       63211, 63431, 635, 6361,
       6363,6422
       ~of causality(因果律)
       [Kausalitätsg],632,6321
       ~ of conservation(守恒律)[Er-
       haltungsg],633
       ~ of contradiction(矛盾律)[G.
       des Widerspruchs],61203,6123
       ~ of least action(最小作用律)
       [G. der kleinsten Wirkung],
       6321,63211
       ~ of nature(自然律)[Natur],
       5154,634,636,6371,6372
    2.[Satz;principle of sufficient

reason(充足理由律);proposition(命题)],634

~of continuity(连续性原理)[S. von der Kontinuität],634

~of least effort(最小损费原理)[S. vom kleinsten Aufwande],634

life(生活,人生),5621,64311,64312,652,6521

limit(限定,界限)[Grenze:bound(界限);delimit(分界)],p3,p4,4113,4114,451,5143,55561,56—562,5632,5641,64311,645

logic(逻辑);~al(逻辑的),2012,20121,3031,3032,3315,341,342,4014,4015,4023,40312,4032,4112,41121,41213,4126,4128,4466,502,51362,5152,5233,542,543,545—547,5472—54731,547321,5522,5551—55521,5555,55562—5557,561,61—612,6121,6122,61222—62,622,6234,63,631,63211,6342,63431,63631,637,6374—63751;参照 form,~al;illogical.

~al addition(逻辑加),52341,547

~al constant(逻辑常项),40312,

54,5441,547

~al grammar(逻辑语法),3325

~al multiplication(逻辑乘),52341

~al object(逻辑对象),4441,54

~al picture(逻辑图像),218—219,3,403

~al place(逻辑位置),341—342,40641

~al product(逻辑积),342,4465,5521,61271,63751

~al space(逻辑空间),113,211,2202,34,342,4463

~al sum(逻辑和),342,5521

~al syntax(逻辑句法),3325,333,3334,3344,6124

~o-pictorial(逻辑图示),参照 form.

~o-syntactical(逻辑句法的),3327

manifest(展示,显示)[sich zeigen:indicate(指出);show(显示)],4122,524,54,5513,5515,55561,562,623,636,6522

material(物质,实质),20231,544

mathematics(数学),404—40411,5154,543,5475,6031,62—622,62321,6233,6234—624

Mauthner(毛特纳),40031

mean(意指,意谓)[meinen],3315,4062,562

meaning(指谓)[Bedeutung; signify],3203,3261,3263,33,3314,3315,3317,3323,3328—3331,3333,4002,4026,4126,4241—4243,4466,45,502,531,5451,5461,547321,54733,5535,555,56,562,6124,6126,6232,62322,653

equivalent in ~ [Bedeutungsgleichheit],62323

~ful(有指谓的,有意义的)[bedeutungsvoll],5233

~less(无指谓的)[bedeutungslos], 3328, 4442, 44661,547321

mechanics(力学),404,6321,6341—6343,63432

mention(谈到,提到)[von etwas reden; talk about(谈及)],324,333,41211,5631,63432;参照 about.

metaphysical(形而上的),5633,5641,653

method(方法),311,41121,6121,62,6234—624,653;参照 projection,~of;zero-~.

microcosm(小宇宙),563

minimtum-principle(最小原理)[Minimum-Gesete; law(定律)],6321

mirror(镜,反映),4121,5511,5512,5514

~-image(映象)[Spiegelbild; picture(图像)],613

misunderstanding(误解),p2

mode(方式),参照 expression; signification.

model(模型),212,401,4463;参照 dynamical~.

modus ponens(肯定式),61264

monism(一元论),4128

Moore(摩尔),5541

multiplicity(多样性), 404—40412,5475

music(音乐),3141,4011,4014,40141

mystical(神秘的),644,645,6522

name(名称,命名)

1. [Name], 3142, 3143, 3144, 3202, 3203, 322, 326, 3261, 33, 3314, 33411, 40311, 4126,41272,422,4221,423, 424, 4243, 45, 502, 5526, 5535,555, 6124;参照 variable~.

general~(通名)[Gattungsn.],6321

proper~ of a person(人的专名)[Personenn.],3323

2. [benennen; nennen],3144,3221

natur/e(自然),20123,3315,547,6124;参照 law of~e.

~al phenomena(自然现象),6371

~al science(自然科学),411,4111,41121—4113,6111,64312,653

necessary(必需,必要),40411,5452,5474,6124;参照 unnecessary.

negation(否定)
1. [Negation],55,5502
2. [Verneinung],342,40621,4064,40641,51241,52341,5254,544,5451,55,5512,5514,6231

negative(否定的)[negativ],4463,5513,55151

~fact(否定事实),206,4063,55151

network(网),5511,6341,6342,635

Newton(牛顿),6341,6342

nexus(联系,关联)
1. [Nexus],5136,51361
2. [Zusammenhang:connexion(联系,联结)],33,422,423

non-proposition(非命题),55351

nonsense(无意义)[Unsinn],p4,324,4003,4124,41272,41274,44611,5473,55303,55351,55422,55571,651,645;参照 sense,have no.

notation(记号系统,记号法),3342,33441,5474,5512—5514,61203,6122,61223;参照 conceptual~;generality,~for.

number(数,数目,数量)
1. [Anzahl],41272,5474—5476,555,5553,61271
2. [Zahl:integer(整数)],41252,4126,41272,412721,4128,5453,5553,602,6022;参照 equality,numerical;privileged ~s;series of~s;variable~.

cardinal~(基数),502

~-system(数字系统),6341

object(对象)[Gegenstand],201,20121,20123—20124,20131—202,2021,2023—20233,20251—2032,213,215121,31431,32,3203—3221,3322,33411,4023,40312,41211,4122,4123,4126,4127,41272,412721,42211,4431,4441,4466,502,5123,51511,54,544,5524,5526,553—55302,5541,5542,55561,63431;参照 thing.

obtain(得到,获得)[bestehen:exist

索　引　123

(存在);hold(保持);subsist(实存)],4122
obvious(明显的,自明的)[sich von selbst verstehen:say(说);understand(理解)],6111;参照 self-evidence.
Occam(奥卡姆),3328,547321
occur(出现)[vorkommen],2012—20123, 20141, 324, 3311, 40621,41211,423,4243,525, 5451,554,5541,61203
operation（运算）,41273,521—5254, 54611, 547, 55, 5503, 6001—601,6021,6126;参照 sign for a logical~;truth-~.
oppos/ed(相反);~ite(相反的)[entgegengesetzt], 40621, 4461, 51241,5513
order(次序),41252,55563,5634

paradox,Russell's(罗素悖论),3333
particle(质点),63751
perceive（觉察,感知）,31, 311, 332,55423
phenomenon(现象),6423,参照 natural~.
philosophy（哲学）, p2, p5, 3324, 33421, 4003, 40031, 4111—4115,4122,4128,5641,6113,

6211,653
physics（物理学）, 30321, 6321, 6341,63751
pictorial(图示的)
1. [abbilden:depict(图示);form, logico-~（逻辑图示形式）], 215, 2151, 21513, 21514, 217, 2172, 2181, 222; 参照 form,~.
2. [bildhaftig],4013,4015
picture（图像）[Bild:mirror-image (映象);tableaw vivant(活动拼装画)], 20212, 21—21512, 21513—301, 342, 401—4012, 4021, 403, 4032, 406, 4462, 4463,5156,6341,6342,635;参照 logical~;prototype.
place(位置)[Ort],3411,63751;参照 logical~.
point-mass（质点）[materieller Punkt],63432
positive（肯定的）, 206, 4063, 4463,55151
possible（可能的）, 2012, 20121, 20123—20141, 2033, 215, 2151, 2201—2203, 302, 304, 311, 313, 323, 33421, 33441, 3411,4015,40312,4124,4125, 42, 427—43, 442, 445, 446, 4462,4464,45,5252,542,544,

546,5473,54733,5525,555,
561,61222,633,634,652;参照
impossibility;truth-possibility.
postulate(设定)[Forderung:requirement(需要,要求)],61223
predicate(谓词),参照 subject.
pre-eminent(特殊的)[ausgezeichnet],
～numbers(特殊的数),4128,
5453,5553
present(表现,表达)
1. [darstellen:represent(表达)],
3312,3313,4115
2. [vorstellen:idea(观念);represent(表达)],211,40311
presuppose(假定,为前提)[voraussetzen],3311,333,41241,
5515,55151,561,6124
primitive idea(初始观念)[Grundbegriff],412721,5451,5476
primitive proposition(初始命题)
[Grundgesetz], 543, 5452,
6127,61271;参照 Fundamental
laws of Arithmetic;law
primitive sign(初始记号)
[Urzeichen],326,3261,3263,
542,545,5451,546,5461,5472
Principia Mathematica(《数学原理》),5452
principle of sufficient reason(充足理由律)[Satz vom Grunde;law

(定律);proposition(命题)],
634,635
Principles of Mathematics(《数学原则》),55351
probability(概率),4464,515—5156
problem(问题)
1. [Fragestellung:question(问题)],p2,562
2. [Problem],p2,4003,54541,
5535,5551,55563,64312,6521
product(积),参照 logical.
project/ion(投影);～ive(投影的),
311—313,40141 method of ～
ion(投影方法),311
proof(证明)[Beweis],6126,61262,
61263—61265,62321,6241
proper(专有的),参照 name.
property（属性）[Eigenschaft],
201231,20231,20233,202331,
4023,4063,4122—41241,5473,
55302,6111,612,6121,6126,
6231,635;参照 formal～.
proposition(命题)[Satz;law(定律);
principle(原则)],20122,20201,
20211,20231,31(及此后各处);
参照 non-～;primitive ～;pseudo-～;variable,～al;variable～.
～al form(命题形式),3312,
40031,4012,45,453,5131,
51311, 5156, 5231, 524,

5241,5451,547,5471,5472,
554—5542, 55422, 555,
5554,5555,5556,6,6002

~al sign(命题记号),312,314,
3143,31431,32,321,3332,
334, 341, 35, 402, 444,
4442,531

prototype(原型)[Urbild],324,
3315,3333,5522,55351;参照
picture.

pseudo-(伪-),参照 apparent.
~-concept(伪概念),41272
~-proposition(伪命题),41272,
5534,5535,62
~-relation(伪关系),5461

psychology(心理学),41121,5541,
55421,5641,63631,6423

punishment(惩罚),6422

question(问题)[Frage:problem(问题)],4003,41274,54541,555,
5551,55542,65—652

range(范围)[Spielraum],4463,
55262;参照 space.

real(实在的,真正的)[wirklich],
2022,40031,5461

realism(实在论),564

reality(实在)
1.[Realität],55561,564
2.[Wirklichkeit],206,2063,212,
21511, 21512, 21515, 217,
2171, 218, 2201, 221, 2222,
2223,401,4011,4021,4023,
405, 406, 40621, 412, 4121,
4462,4463,5512

reducibility(可归约性),参照 axiom.

relation(关系)
1.[Beziehung], 21513, 21514,
312, 31432, 324, 40412,
4061, 40641, 4462, 44661,
5131, 51311, 52—522, 542,
5461, 54733, 55151, 55261,
55301;参照 pseudo-.
2.[Relation],4122,4123,4125,
41251, 5232, 542, 55301,
5541,5553,55541;参照 formal~.
3. Stand in a~to one another(彼此有关);are related(相关联的)
[sich verhalten: stand, how
things(事物是怎样的); state
of things(事物的状态)],
2031, 214, 215, 2151,
313,55423

represent(表现)
1.[darstellen:present(表达,表现)],20231,2173,2174,

2201—2203,222,2221,
3032,30321,4011,4021,
4031,404,41,412,4121,
4122,4124,4125,4126,
41271,41272,424,431,
4462,521,61203,6124,
61264;参照 form,~ational.
2.[vorstellen:idea(观念);present
(表现,表达)],215
representative(代表),be the~of(是
…的代表)[vertreten],2131,
322,3221,40312,5501
requirement(要求,必需)[Forderung:
postulate(要求)],323
resolve(分解),参照 analysis.
1.[auflösen],33442
2.[zerlegen],20201
reward(奖励),6422
riddle(谜),64312,65
right(正确,对)[stimmen:agreement
(符合);true(真)],324
rule(规则)[Regel],3334,3343,
3344,40141,547321,5476,
5512,5514
combinatory ~（组合规则）
[Kombinationsr],4442 ~
dealing with signs(记号规
则)[Zeichenr],3331,4241,
602,6126
Russell(罗素),p6,3318,3325,

3331,3333,40031,41272—
41273,4241,4442,502,5132,
5252,54,542,5452,54731,
5513,5521,5525,55302,5532,
5535,55351,5541,55472,
5553,6123,61232

say(说)
1.[angeben:give(给)],55571
2.[ausdrücken:expression(表
达)],55151
3.[aussprechen:words,put into
(说出)],~clearly(清楚地说
出),3262
4.[sagen],can be said(可说),
p3,3031,4115,41212,561,
562,636,651,653
said(shown 显示),4022,41212,
5535,562,636
~ nothing（没有说什么）,4461,
5142,543,54733,5513,55303,
611,6121,6342,635
5.[sich von selbst verstehen:ob-
vious(显然的);understand
(理解)],~ing,go without
(不说自明),3334,62341
scaffolding(脚手架),342,4023,6124
scepticism(怀疑论),651
schema（图式）,431,443,4441,

4442,5101,5151,531

science(科学),634,6341,652;参照 natural~.

scope(范围),40411

self,the(自我)[das Ich],564,5641

self-evidence(自明)[Einleuchten], 51363,542,54731,55301,61271;参照 obvious.

sense(意义)[Sinn; sinnvoll],p2, 20211,2221,2222,311,313, 3142,31431,3144,323,33, 331,3326,334,3341,34,4002, 4011,4014,402—4022,4027—4031,4032,4061,40621—4064,41211,4122,41221, 41241,4126,42,4243,4431, 4465,452,502,5122,51241, 52341,525,52521,54,542, 544,546,54732,54733,5514, 5515,55302,55542,5631, 5641,6124,6126,6232,641, 6422,6521

have the same~(有相同意义) [gleichsinnig],5515 have no ~,lack~;

without~(没有意义,缺少意义)[sinnlos],4461,5132,51362, 55351;参照 nonsense. ~of touch(触觉)[Tastsinn],20131

series(系列)[Reihe],41252,445, 51,5232,602

~of forms(形式系列)[Formenr],41252,41273,5252, 52522,5501

~of numbers[Zahlenr],41252

set(组)[klasse;class(类)],3142

show(显示)[zeigen;indicate(指明);manifest(展示)],3262, 4022,40621,40641,4121—41212,4126,4461,51311,524, 542,55261,55421,55422, 5631,612,61201,61221,6126, 6127,622,6232;参见 display;say.

sign(记号)[Zeichen],311,312, 31432,3201—3203,321,3221, 323,3261—3263,3315,332—3322,3325—3334,33442,4012, 4026,40312,4061,40621,4126, 41271,41272,4241—4243,4431, 4441,4466,44661,502,5451,546, 5473,54732—54733,5475,5501, 5512,5515,55151,553,55541, 55542,602,61203,6124,6126, 61264,653;参照 primitiv~; propositional~;rule dealing with~ s;simple~.

be a~for(作为……的记号)[bezeichnen;designate(指示); signify(指谓)],542

combination of ~s(记号的结合)[Zeichenverbindung],4466,5451

~ for a logical operation(逻辑运算记号)[logisches Operationsz],54611

~-language(记号语言)[Zeichensprache],3325,3343,4011,41121,41213,45,6124

signif/y(标记,指谓)
1. [bedeuten: meaning(指谓)],4115
2. [bezeichnen: designate(标示); sign(记号)],324,3261,3317,3321,3322,3333,3334,33411,3344,4012,4061,4126,4127,41272,4243,5473,54733,5476,55261,55541,6111

mode of ~ication(标记方式)[Bezeichnungsweise],3322,3323,3325,33421,40411,51311

similarity(相似性),40141,5231

simple(简单的),202,324,421,424,451,502,54541,5553,55563,6341,6342,6363,63631

~ sign(简单记号),3201,3202,321,323,4026

simplex sigillum veri(简单性是真理的标志),54541

situation(状况,情况)[Sachlage],20121,2014,211,2202,2203,302,311,3144,321,4021,403,4031,4032,404,4124,4125,4462,4466,5135,5156,5525

Socrates(苏格拉底),5473,54733

solipsism(唯我论),562,564

solution(解决,解答),p8,54541,5535,64312,64321,6521

soul(灵魂),55421,5641,64312

space(空间)[Raum],20121,2013,20131,20251,211,2171,2182,2202,3032—30321,31431,40412,4463,63611,636111,64312;参照 colour-~;logical ~;range.

speak/about(说到)[von etwas sprechen],3221,63431,6423,7;参照 about.

~ for itself(自己表明)[aussagen: ascribe(声称); state(陈述); statement(陈述); tell(告诉,说)],6124

stand/, how things(事物是怎样的)[sich verhalten: relation(关系); state of things(事物的状态)],4022,4023,4062,45

~ for(代表)[für etwas stehen],40311,5515

state(陈述)[aussagen: ascribe(声称); speak(谈论); statement

(陈述);tell(告诉,说)],3337,
403,4242,4442,61264
statement(陈述)[Aussage],
20201,63751
make a~(作出陈述)[aussagen:
ascribe(声称);speak(谈论);
state(陈述);
tell(告诉,说)],3332,525
state of/affairs(事态)[Sachverhalt:
~things(事物的状态)],2—
2013,2014,20272—2062,211,
2201, 3001, 30321, 4023,
40311, 41, 4122, 42, 421,
42211,425,427,43
~things(事物的状态)
1.[Sachverhalt:~affairs],201
2.[sich vermalten:relation(关系);
stand,how things],5552
stipulate(规定)[festsetzen],3316,
3317,5501
structure(结构)[Struktur],2032—
2034, 215, 41211, 4122, 513,
52,522,612,63751
subject(主体)
1. [Subjekt], 55421, 5631—
5633,5641
~-predicate propositions(主谓式
命题),41274
2.[Träger],6423
3. ~-matter(论题)[von etwas

handeln: about(关于); concerned with(涉及);deal with
(论及)],6124
subsistent(存在,实存)[bestehen:
existence(存在);hold(保持);
obtain(得到)],2024,2027,20271
sub specie aeterni(用永恒的观点),
645;参照 eternity
substance(实体)[Substanz],2021,
20211,20231
substitut/e(替换,代替),3344,
33441,4241,623,624 ~ ion,
method of,624
successor(后继)[Nachfolger],
41252,41273
sum(和),参照 logical.
sum-total(总和)[gesamt:totality
(总体),whole(全部)],2063
superstition(迷信),51361
supposition(假定)[Annahme],4063
survival(生存)[Fortleben],64312
symbol(符号)[Symbol],324,331,
3317, 332, 3321, 3323, 3325,
3326,3341,33411,3344,4126,
424, 431, 4465, 44661, 45,
51311, 5473, 54733, 5513—
5515,5525,55351,5555,6113,
6124,6126
~ism(符号系统)[Symbolismus],44611,5452

syntax(句法),参照 logical.

system(系统),5475,5555,6341,6372;参照 number-~.

tableau vivant(活动拼装画)[lebendes Bild;picture(图像)],40311

talk about(谈论)[von etwas reden;mention(提到)],p2,5641,63432;参照 about.

tautology(重言式),446—44661,5101,51362,5142,5143,5152,5525,61,612—61203,61221,61231,6124,6126,61262,6127,622,63751

tell(说,告诉)[aussagen;ascribe(声称);speak(谈);state(陈述);statement(陈述)],6342

term(项)[Glied],41273,4442,5232,5252,52522,5501

theory(理论)

1.[Lehre;doctrine(学说)],61224

~of probability(概率论),4464

2.[Theorie],41122,55422,6111

~of classes(类的理论),6031

~of knowledge(知识论),41121,5501

~of types(类型论),3331,3332

thing(事物),参照 object;state of affairs;state of ~s

1.[Ding],11,201—20122,2013,202331,2151,31431,40311,4063,41272,4243,55301,55303,55351,55352,5553,5634,61231

2.[Sache],201,215,21514,41272

think(思想,思考)[denken;imagine(想象)],p3,302,303,311,35,4114,4116,54731,5541,5542,561,5631

~able(可思想的)[denkbar],p3,3001,302,6361;参照 unthinkable.

thought(思想)[Gedanke;idea(观念)],p3,3,301,302,304—31,312,32,35,4,4002,4112,621

~-process(思想过程)[Denkprozeβ],41121

time(时间),20121,20251,63611,63751,64311,64312

totality(总体)[Gesamtheit;sum-total(总和);whole(全部)],11,112,204,205,301,4001,411,452,55262,55561

transcendental(超验的),613,6421

translation(翻译),3343,40141,4025,4243

tru/e(真,真实)

1.[Faktum],5154

2.[wahr],20211,20212,221,

222,2222—2225,301,304,
305, 4022—4024, 406—
4063,411,425,426,428,
431,441,443,4431,4442,
446,4461,4464,4466,511,
512,5123,513,5131,51363,
5512,55262,55352,55563,
562, 6111, 6113, 61203,
61223,61232,6125,6343;参
照 correct;right.
come~e(达到真)[stimmen;agreement（符合）；right（对的）],5123
　~th-argument(真值主目),501,
　　5101,5152,61203
　~ th-combination（真值组合),61203
　~th-condition(真值条件),4431,
　　4442,445—4461,4463
　~th function(真值函项),33441,
　　5,51,5101,5234,52341,53,
　　531,541,544,55,5521,6
　~th-ground(真值基础),5101—
　　5121,515
　~th-operation(真值运算),5234,
　　53,532,541,5442,554
　~th-possibility(真值可能性),
　　43—444,4442,445,446,5101
　~th-value(真值),4063
type(类型),3331,3332,5252,6123;

参照 prototype.

unalterable(不变的)[fest],2023,
　2026—20271
understand(理解)[verstehen;obvious(明显的);say(说)],3263,
　4002,4003,402,4021,4024,
　4026,4243,4411,502,5451,
　5521, 5552, 55562, 562;参
　照 misunderstanding
make oneself understood(使自己达到理解)[sich verständigen],
　4026,4062
undetermined（未确定的)[nicht bestimmt],324,4431
unit(单元,单位),5155,547321
unnecessary(非必要的),547321
unthinkable(不能设想的),4123
use(用)
　1. [Gebrauch], 3326, 4123,
　　41272,4241,6211
　　~ less（无用的)[nicht gebrancht],3328
　2.[Verwendung;employment(应用)],3325,4013,61202

validity(有效性),61233;参照 general~.
value(价值)[Wert],64,641;参照

truth-~.
~of a variable(变项的值),3313,
3315—3317,4127,41271,
5501,551,552
variable(变项,变数),3312—3317,
40411,41271,41272,41273,
453,524,5242,52522,
5501,6022
propositional~(命题变项)[Satz-
variable],3313,3317,4126,
4127,5502
~name(变名),3314,41272
~number(变数),6022
~proposition(含变项命题)[vari-
able Satz],3315
visual field(视场),20131,5633,
56331,63751,64311

Whitehead(怀特海),5252,5452
whole(全部,整个)[gesamt;sum-
total(总和);totality(总体)],
411,412
will(意志)[Wille;wollen],51362,

5631,6373,6374,6423,643
wish(希望)[wünschen],6374
word(词)[Wort],20122,314,3143,
3323,4002,4026,4243,6211;参照
concept-~.
put into~s(说出来)[aussprech-
en;unaussprechlich;say(说)],
3221,4116,6421,65,6522
world(世界),1—111,113,12,
2021—2022,20231,2026,
2063,301,312,33421,4014,
4023,412,42211,426,4462,
5123,54711,5511,5526—
55262,5551,55521,56—5633,
5641,612,61233,6124,622,
6342,63431,6371,6373,6374,
641,643,6431,6432,644,645,
654;参照 description of the~.
wrong(错的)[nicht stimmen;agree-
ment(符合);true(真)],324;参
照 false.

zero-method(置零法),6121

译　后　记

《逻辑哲学论》(*Tractatus Logico-philosophicus*)是维特根斯坦的早期代表作,最初以 *Logisch-Philosophischen Abhandlung* 为名刊载于奥斯特瓦尔德主编的德文定期刊物《自然哲学年鉴》1921年最后一期上。次年,奥格登(C. K. Ogden)在雷姆塞(F. P. Ramsey)的协助下,完成了该书的英译,并由 Kegan Paul 出版公司以双文(德文和英文)对照的形式首次在英国出版了单行本,书名则采用了 G. E. 摩尔所建议的拉丁文名称 *Tractatus Logico-philosophicus*。

奥格登在出版其英译本的注中说,该英译本的译文和校样曾得到维氏本人认真的修订,这个说法似不够确切。

1961年皮尔斯(D. F. Pears)和麦克吉尼斯(B. F. McGuinness)合作完成了《逻辑哲学论》新的英译本,仍由 Routledge & Kegan Paul 出版有限公司以英德对照的形式出版,这个译本获得了学界较好的评价。

1972年,冯·赖特(G. H. von Wright)发表了维特根斯坦和奥格登的通信,其中有维氏对《逻辑哲学论》第一个英译本的意见和评论。参照维氏的这些意见和评论,二位译者又对1961年的英译本作了一些修改,修改本于1974年出版,未附德文原文。

这个中译本主要依据上述 1974 年 Routledge & Kegan Paul 出版有限公司出版的英译修改本,同时也参考了奥格登的英译本,比较重要的语词和语句都对照德文原文进行了审定。

　　和几个英译本一样,这次中译也附上了罗素的长篇导言。这个导言是罗素应维氏本人的要求为促成《逻辑哲学论》的早日出版而写作的。虽然后来维氏对这个导言很不满意,认为文中曲解了他的思想(这里同样也可能存在某些误解,因为罗素的导言最初是被译成德文随同《逻辑哲学论》一起在《自然哲学年鉴》上发表的,维氏是通过阅读德译文而对这个导言产生不满,这就不能排除由于德译文的不准确而引起的误解),但该文以较为通俗的语言阐释维氏在该书中表述得过于简练和隐晦的思想,确有其独到之处,而且,由于历史的原因,罗素的这个导言几乎已成为《逻辑哲学论》一个必要的附件了。

　　是为记。

译者

1994 年 10 月于武昌

图书在版编目(CIP)数据

逻辑哲学论/(奥)维特根斯坦(Wittgenstein, L.)著；贺绍甲译.—北京：商务印书馆，1996.12(2025.11重印)
(汉译世界学术名著丛书)
ISBN 978-7-100-02982-7

Ⅰ.①逻… Ⅱ.①维… ②贺… Ⅲ.①逻辑哲学 Ⅳ.①B81-05

中国版本图书馆CIP数据核字(2013)第066445号

权利保留，侵权必究。

汉译世界学术名著丛书
逻 辑 哲 学 论
〔奥〕维特根斯坦 著
贺绍甲 译

商 务 印 书 馆 出 版
(北京王府井大街36号 邮政编码100710)
商 务 印 书 馆 发 行
北京新华印刷有限公司印刷
ISBN 978-7-100-02982-7

1996年12月第1版　　开本 850×1168　1/32
2025年11月北京第28次印刷　印张 4⅜
定价：20.00元